怪异行为
心理学

宾夕法尼亚大学广受欢迎的
行为心理分析课

［美］朱迪·福斯特
（Jody Foster）

［美］米歇尔·乔
（Michelle Joy）
著

张晓楠 译

台海出版社

图书在版编目（CIP）数据

怪异行为心理学 /（美）朱迪·福斯特，（美）米歇

尔·乔著；张晓楠译 . -- 北京：台海出版社，2018.5（2022.1重印）

书名原文：The Schmuck in My Office : How to

Deal Effectively with Difficult People at Work

ISBN 978-7-5168-1864-0

Ⅰ . ①怪… Ⅱ . ①朱… ②米… ③张… Ⅲ . ①行为主

义－心理学－通俗读物 Ⅳ . ① B84-063

中国版本图书馆 CIP 数据核字（2018）第 087072 号

著作权合同登记号　图字：01-2018-1959

The Schmuck in My Office : How to Deal Effectively with Difficult People at
Work

Copyright © 2017 by Jody Foster, M.D. with Michelle Joy, M.D.

This edition arranged with C. Fletcher & Company, LLC through Andrew
Nurnberg Associates International Limited.

怪异行为心理学

著　　者：[美] 朱迪·福斯特　[美] 米歇尔·乔
译　　者：张晓楠

责任编辑：高惠娟　贾凤华
装帧设计：异一设计

出版发行：台海出版社
地　　址：北京市东城区景山东街 20 号　　　邮政编码：100009
电　　话：010 – 64041652（发行，邮购）
传　　真：010 – 84045799（总编室）
网　　址：www.taimeng.org.cn/thcbs/default.htm
E – mail：thcbs@126.com

经　　销：全国各地新华书店
印　　刷：香河县宏润印刷有限公司
本书如有破损、缺页、装订错误，请与本社联系调换

开　　本：710mm × 1000mm　　　1/16
字　　数：180 千字　　　　　　　印　张：13.5
版　　次：2018 年 7 月第 1 版　　印　次：2022 年 1 月第 2 次印刷
书　　号：ISBN 978-7-5168-1864-0

定　价：42.00 元

前　言

　　我上商学院时，有位同学和我说了一件发生在他办公室里的糟心事。他说："有个家伙，我们都知道是谁，这人每天去卫生间上大号，完事以后总要用脏兮兮的厕纸在隔间门上抹一下，弄出个 Z 字形。这是怎么回事？"

　　我在商学院读书时，经常有人问我这类有关行为举止的问题。但是，我还是得说，这个问题不一般。我们班上满是野心勃勃的银行家和对冲基金经理，而我则是精神科医生。大家带着各种各样的问题来问我，有关于同事斗争的，有关于叫人不胜其烦的老板的，有关于恋情的。当然，还有关于各种古怪行为的。我喜欢回答这些问题，帮他们分析可能是哪些原因导致的问题，建议可行的解决办法，做出有趣的解释。那时我总盼着同学们给我讲各种轶事，他们迫切地想了解我的解释是否行得通、我推荐的办法是否奏效。

　　作为精神科医生，你很快就会习惯目睹各种看起来无比怪异的行为。在精神科急诊室、医院、诊所或是封闭式病房工作，你会逐渐习惯与自认长生不老或是自觉被魔鬼追逐的人们打交道。你每天面对的都是试图割腕、上吊或是掐死自己的人。你会听到骇人听闻的有关虐待的故事——包括性虐待和身体上的虐待——你根本无法想象，人会凶残到什么程度，或是忍耐到什么地步。

　　我曾经遇到一位患者，他觉得自己有一只耳朵是政府为了传递阻止星际战争的机密信息而给其移植的仿生耳。还有一位患者试图把天上的飞机打下来。不过，不管你信不信，作为精神科医生，起初看似难以置信、怪异非常的现象最终都会感觉司空见惯，大有不出所料之感。可怕的场景似乎也变得平淡无奇。朋友和同事也是精神科医生和心理学家，大家每天都会遇到类似的事情。

我在商学院入学时已经是一名精神科医生了。我发觉自己周围一下子挤满了对日常交往津津乐道的人。他们被同事搞得晕头转向，而我则觉得解释办公室里的各种事件十分有趣。我喜欢去了解人们为何会因为老板、同事、下属，甚至是配偶而暴跳如雷。人们会给我描述那些他们不喜欢也不了解的人，说他们是彻头彻尾的"傻瓜"。而我很快对此进行解释，他们一下子就会如释重负，对我感激不已。我发现，人们不甚了解人为何会做出某种行为，而一些看似简单的真知灼见就可能会有很大帮助。有时，人们希望了解自己该如何与某同事相处，但有时又似乎想了解该同事为何会如此行事。更重要的是，我发现，只要稍加了解，人们就会同情所谓的职场"傻瓜"，甚至能与之和睦相处。商学院的求学经历让我有机会真正了解到其他人对于办公环境的看法。在这里，我周围的人们不再是受过行为理解和行为分析专门训练并整日忙于此类事务的专业人士。只有我具备这些技能，我喜欢这种感觉。正是这段经历让我认识到，我迫切地希望自己能用这些能力帮助人们适应工作环境。

教室里的讨论催生了我的事业，也就是帮人们理解工作场所的个体动力和群体动力。我一面继续在常见的精神科领域工作——管理封闭式住院部，并在这家历史最悠久的医院当上了精神科主任；一面把我在精神治疗方面的经验与商务训练和那些令我眼界大开的教室讨论结合起来。比如说，我曾以顾问的身份为风投公司评估创业团队，主要是帮投资人更好地了解拟投资公司的工作人员及其相互关系，以便投资人决策。最终，我会基于对该公司人员性格和相互关系的了解给出投资建议。我上午接诊精神分裂症患者，下午则指导并管理商业、金融和雇佣决策，但只不过是把同样一套观察、询问和判断人们行事动机的技巧略加改动。

我还开发了一套公开出售的"专业化课程"，继续帮助医疗保健组织创建和维护专业的工作环境。起初，我只在我们医院内部系统提供咨询，不过，现在我接受来自世界各地的个人咨询，也指导别人设立类似课程。就像我早先在商学院和同学交谈时一样，我会分析同事之间如何才能更好地相处。为了维护安全舒适的工作环境，针对有问题的工作场合，我会进行评估并提供改进方案。

我的主要任务是解决如何与办公室里那些难以相处的人共事，以及如何处理办公场所的怪异行为。不管在哪儿工作，人们总会带入自己的个性，而这些个性常常会对工作环境产生严重的不良影响。办公室霸凌、事必躬亲的老板、"伸手党"同事都是工作场所经常会遇到的问题。好在这些问题都能解决。解决方案各式各样，可能是针对具有怪异行为的人进行心理辅导或谈话治疗，可能是对工作环境进行结构性改变。

正如我们所见，早期直接干预最容易见效。很多时候，人们来找我咨询时，怪异行为往往已经变得十分严重。比如说，那个在厕所门上抹大便的家伙可能已经找到了更具破坏性的排泄物使用方式。谁也不想走到这一步。相反，他的同事本有可能在他乱抹大便之前就注意到他所表达的消极对抗情绪，从而搞清楚他出现了什么问题。通过本书，我希望教会读者如何及时发现和纠正怪异行为，以免这些行为变得过于外行，令人不适、不安，或是像这个抹大便的倒霉家伙一样，过于不卫生。

很多人给我打来电话，第一句就是："我办公室里有个傻瓜，10 年前就该给你打电话说说他的事了。"领导总是不切实际地希望出现怪异行为的人有一天会不再制造麻烦。然而，随着问题日趋严重，领导越来越感到有心无力、能躲则躲，来找我咨询时都是一副愤愤不平的样子。其实，大多数情况下，领导嘴里的这个人并不是傻瓜。他只是习惯了我行我素，只不过从来没人告诉他这样会引起麻烦。

因此，英文书名 *The Schmuck in My Office* 实际表达的是很多人在难以理解他人或是他人行事方式时那种挫败和烦恼的情绪。大发脾气、把别人说成傻瓜或是蠢货很容易，而尝试理解他人如此行事的深层原因则要难得多。

但是，我们必须去尝试。只有这样，我们才能了解同事和自己，打造更加安全、健康、有效运转的工作环境。

在明白人们对人际交往认识的局限性后，我认识到，我的精神分析专长在办公环境里也可以发挥作用。我开始意识到，如果能识别不同类型的问题行为，我们就能打造更好的工作环境。考虑到我在商学院和同学的讨论、我经手的咨询以及与亲友的诸多交谈，我决定帮助人们理解工作场所的这些问题。我希望人们了解办公场所怪异行为的成因及解决方式。

任何地方都可能会，而且确实会出现怪异行为。同样，任何与他人共事的人都能够而且应当读一下这本书。我会介绍人格特质及其发展的基本概念，以及人格特质与办公场所效率低下和总体压力的关系，进而解释为何职场人际交往会出现困难。我会教读者如何识别问题行为、如何通过理解其背后的人格特质来解释问题行为，以及如何纠正问题行为。我们有时需要自我反省，判断自己在此类行为发生或持续过程中的影响，有时则可能需要向公司内部或外部相关人士求助。

但是，这需要我们改变自身对待身边怪异行为的方式。

对于令人不快的事物——不论是恐惧、悲伤、焦虑还是疾病——我们总是感到不自在并设法逃避。逃避的方式各种各样：

我们会避免直面自己讨厌的人，避免谈论自己的感受，避免和让自己感觉不适的人共处。

我们认为体制无法改变，认定同事不会听取自己的建议。

我们担心惹祸上身。

我们觉得理应忍受令自己心乱如麻的工作场所。

我们以为有某些权力的人就可以行为不端。

我们都错了。

我写这本书是为了鼓励对话。我要呼吁大家坦诚直白地互相交流。技术的神奇进步极大地改善了沟通方式和效率，但也在人和人之间增加了重重隔离。

现在，每个人都能根据自己所能适应的亲密程度找到相应的沟通方式，因此，较之以前，逃避更容易了。在很多方面来说，这是好事，因为大部分人都能找到舒适的沟通方式。但还是会有冲突，这些冲突会让我们心烦意乱，我们还是得解决这些冲突。很多时候，冲突是无法避免的。打造良好工作环境的关键是要掌握处理冲突的恰当时机和方式。

在后续章节中，我会高度概括人们的特征，并将其分为不同类型。书里提到的这些轶事你肯定也遇到过，因为这类事情几乎是无处不在。我的目的在于帮助读者认识到相关行为都属于某一类型，而且通常并不是出于恶意。对这些人进行分类很有帮助，因为，通过理解不同类型的人、驱动其行事的原因以及最佳应对方式，你就能学会和任何人愉快相处。本书目的不在于诊断，读者也不会因此成为精神分析专家。不过，它会给我们提供一种理解周围人群和行为的方式。

我们会讲到傲慢自大、存在注意力缺陷、社交能力不足、强迫性格、喜欢摆布别人的人，以及怪里怪气的人。我会提供一些改善人际关系的建议，有必要的话，我也会提供针对问题行为进行干预的建议。然而每个人都会展现出各种各样的人格特质，这些特质共同构成了性格各异的人。书中关于人格特质的描述不是为了让你过度定义周围的人或是轻易给其贴上某种类型标签，而是为了指引你理解并处理与这些人的关系。也许，最为重要的是，随着你开始理解身边的人，你会更容易理解其所处境况，也更能理解他们为什么会做出那些举动。

目 录 C O N T E N T S

CHAPTER 3
认知功能出现问题的人们

CHAPTER 4
令人费解的人们

CHAPTER 5
结论

1

Chapter

—

认识不同的人格

什么是怪异行为？

怪异行为（disruptive behavior），又称反常行为，可表现为各种形式。大吼大叫、乱扔东西、攻击别人，这都是很明显的怪异行为。说话时故作姿态、贬低他人、威胁他人、打击他人信心、暗示别人没有资格或资格不够，也都是很常见的怪异行为。利用领导身份或是体格优势动手动脚，则是办公室怪异行为的另一种表现方式。坚持"自己的一套"、缺乏团队精神，也会给别人造成麻烦。因担心无法完成工作而设法逃避，也会给同事造成困扰。怪异行为随处都可能发生。

有时我们很容易就能发现怪异行为。如果有人在办公室里大声污言秽语或是乱扔东西，你很难不会注意到。但是，有时候，怪异行为可能会表现得更为隐蔽，不引人注目。比如说，如果员工将他人成绩据为己有或是拒绝提供必要信息，都有可能引发不必要的麻烦。说东忘西或是丢三落四也一样会导致问题。另一方面，有的人总是高谈阔论如何改善办公环境或是给出建设性负面反馈，这些人也可视为怪异行为人，尽管其本意并非搞破坏。在某些方面来说，越是显眼的怪异行为越好处理，因为这些行为最容易被人发现，并且，通过向上级报告或是管理流程，一般都可以解决。反而是那些更为隐蔽的怪异行为会日趋严重，侵蚀他人大量时间，却似乎找不到解决的办法。

那我们该如何定义这种极易导致办公室混乱的行为呢？通常来说，最令人为难的就是该如何描述这些行为。我们会代入自身经历和偏见并在不同方面受其影响。正所谓"甲之蜜糖、乙之砒霜"，同样一件事，可能会让一些人暴跳如雷，但也可能让另外一些人青睐有加。有时情况可能相当微妙，尽管我们觉得哪里不对，却又说不出究竟哪里不对。每当我们在人际交往中面临突如其来的困惑或负面情绪，我们就需要审视是否存在怪异行为。我们可能会感到尴尬、愤怒、伤心或沮丧。很多原因都会导致这些情绪。但是，在办公场所出现这些情绪意味着人际交往可能出现了问题。如果这些情绪一直困扰我们，不断浮现在脑海，出现在梦中，或是干扰到我们工作以外的生活，我们就应该进一步展开调查。

在某种意义上，我不得不说，当你遇到怪异行为时，你就会知道什么是怪异行为了。发生在你身上的时候你就会知道。怎么知道？你会有感觉。这种感觉很独特：不论你是清楚明白还是困惑不已，只有你会有这种感受。随后你会体会到这件事对你的重要性和影响程度，同时感觉自己必须有所行动：第一步是要有信心识别怪异行为，并且要知道这种行为是不合理的；第二步是要认识到，为改变现状，你可能需要理解并顺应当时的形势，哪怕原因并不在你。

不过，也许你不想就这么相信我。因此，我会尽量多提供一些有关怪异行为的信息。但是，我认为，只有在亲身经历后，你才能真正理解其概念。当然，你很可能已经经历过了。

有一点很重要。很多公司都有关于怪异行为的规定和相关处理办法。因此，你可以了解一下所在办公场所是如何定义怪异行为的。这对于决定向上级求援的时机尤为重要。我们会在后文讨论此话题。

很多关于怪异行为的专业论述都是源自对儿童行为的研究。二者的相似性为我们理解所谓办公室傻瓜提供了一个历史对照点，也让我们能站在对方的角度看待其行为。

在儿童怪异行为研究文献中，对问题行为的定义十分简单。当儿童行为侵犯他人权利或是违反主要社会规范时就会被视为怪异行为。我们也可以把这一标准用于职场中的成年人。

另外还有一点也很重要。如果在多种场合发现儿童有问题行为，则说明问题行为较为严重。根据《精神障碍诊断和统计手册》（*Diagnostic and Statistical Manual of Mental Disorders*）给临床医生的建议，父母、教师、同学、教练和其他人都会看到问题行为。对成人来说也是如此。如果一个人在办公场合表现出破坏性，那他很有可能在其他场合也会出现怪异行为。通过审视办公场合的人际交往，我们常常能看到人们与另一半、家人以及朋友的交往模式。如果只有你在与某人交往时遇到问题，抱歉，很有可能问题在你而不在对方。任何有关对方与他人交往互动的信息，包括他与同事、与祖父母的互动，都有助于我们更好地理解问题，并找到解决办法。

办公场所出现的问题行为在儿童中也很常见，例如语言粗俗、骂人、扔东西、拒绝完成任务、干扰会议、霸凌等。通过审视儿童行为模式，我们能找到有益的方法来帮助这些在办公场所出现问题行为的人。关键是尽早干预。任何形式的问题行为都会由于拖延而恶化，从而导致成功干预的概率降低。在问题行为畅行无阻，甚至可能还得到奖励后，早期本有可能见效的方法也许再不能发挥作用。为了吃冰激凌而大发脾气的小孩很容易就会成长为为求晋升而霸凌他人的员工。

将人际交往中出现问题行为的儿童和成人等同看待，有助于化解我们的部分愤怒情绪。我们也许会因为孩子在购物中心突然发飙而沮丧，但是回头去看，我们会发现，孩子并不是故意要给我们找麻烦。同样，尽管承认这点很难，但谁也不会故意让自己难以相处。通过增进对人格类型和个性类型发展过程的了解，即使我们很难与对方共事，我们也能更多地体谅对方，更好地理解对方的行事动机。

针对儿童和职场成人的干预还有一处相似点值得注意。在处理怪异行为时，我们要遵循很多有效教养原则，可能很多人都需要改变自己的行为。为了转变儿童行为，父母往往需要改变自身行为。为了转变同事的行为，你可能也会需要改变自身行为。我们常常需要设定并强化界限，沟通指令必须清晰易懂，而且改变不是一夕之间就能实现的。

我们为何在意怪异行为？

尽管有关怪异行为的早期学术文献主要是针对儿童，研究人员很快就将其关注点扩展到了办公场所出现的类似问题。最初，精神分析学家把儿童作为研究对象，也许是因为每个人都是从儿童成长起来的，每个人身边都有儿童。但是，随着经济全球化带来的就业模式和就业环境的改变，办公文化和办公场所出现的问题日益成为重要的研究领域。

随着小公司发展壮大成为大型企业，人们开始与越来越多的陌生人在日益复杂的环境里工作。因此，怪异行为出现的概率也增加了。

很多关于工作场所怪异行为的文献都涉及医疗场合。有许多原因导致了这种学术研究趋势：其一，研究人员可能在大学、医学院、研究生院、研究室学习期间、住院医期间以及作为医生执业期间遇到过很多怪异行为。因此，他们有兴趣对此进行研究。历史上有一件事值得一提，是关于美国医疗卫生机构认证联合委员会的。该联合委员会是美国负责医院认证的机构，宗旨是改善医疗卫生服务的质量和价值。各家医院为了获取联邦政府资助都会寻求该委员会认证。认证内容之一是要展示针对怪异行为的处理办法，因其可能会影响医院安全。

2008年7月，所有参与认证的医疗卫生机构都收到了一份警讯事件警报。根据该联合委员会的定义，警讯事件是指"非预期的死亡、严重身体或心理伤害，或此类风险"。此类事件"显示有必要立即展开调查并采取对应措施"。第40号警讯事件警报与其他同类警报不同，其报告题为"削弱安全文化的行为"。报告的开头是这样说的：

恐吓行为和怪异行为会导致医疗失误，……患者满意度降低，可避免的患者不良结局增加，……护理成本增加……称职的临床医生、行政人员和管理人员会在更专业的环境寻找新工作……患者护理的安全和质量取决于团队合作、沟通和团结协作的工作环境。为确保质量并推进安全文化建设，医疗卫生机构必须处理好可能危及医疗卫生团队工作表现的行为问题。

根据这一通知，医疗卫生机构担负起了新的义务。根据通知要求，医院必须设置报告和调查怪异行为的流程。并且，医院必须记录调查结果并配备足量人员接受这方面的培训。

实际上，我的专业化课程主任头衔就是这么来的。很大程度上，是联邦政府这一要求促使我在医院提供与维护专业工作环境相关的咨询。同时，这一要求也产生了一些其他重要影响。其中之一就是鼓励机构改进对怪异行为的定义、描述和处理方式。

任何地方都可能出现怪异行为，不同领域则可能会出现不同的怪异行为。在企业里，人们可能会赞同那些不择手段追求成功的人。他们的行为也许会让人不适乃至更甚，但他们往往会得到丰厚的回报。我们在后续章节中会讲到，这种行为模式在自恋性格的人中很常见。如果一家公司尚在发展壮大，其首席执行官认可的行为可能会与常人的期待有所不同。但是，工作环境决定了办公文化，决定了在这种环境里可接受和不可接受的行为。然而，办公文化并不一定都是合理的。在任何环境里，我们都不应该歧视、骚扰、贬低或侮辱他人。

对任何机构来说，"刺儿头"都会带来很大问题。他们不仅会让员工因某种个人行为而感到不适、愤怒、沮丧或是烦躁不安，公司整体也会面临困难。员工对待彼此的方式不仅会影响到其协作能力，更会影响到他们对工作和机构整体的感受。人们不愿意在自己不喜欢的地方奋斗。如果员工身边有很多难以相处的同事，或是因某位同事而心烦意乱，其工作动力和激情就会降低。

这将会影响到其他员工，最终导致整个机构生产效率或创造能力的降低甚至停滞。

在对美国50家医院进行的一项调查中发现，医生和护士都会出现怪异或破坏性行为。这些行为会令人紧张、烦躁，损害人际关系，并对信息传递、团队协作，甚至员工续聘产生不良影响（罗森斯坦和奥丹尼尔，2005年；马丁，2008年）。人们把怪异行为和工作质量下降、安全隐患、患者护理失误、员工短缺等严重下游效应联系在一起。研究表明，很多，甚至是大多数医院的临床不良结局都与工作场所反常行为有关（马丁，2008年），可见，怪异行为并不罕见。不幸但也许不足为奇的是，患者满意度往往也会受到负面影响。曾有患者感觉被医生霸凌，最终达成数十万美元的和解方案（马丁，2008年）。

即使人们注意到反常行为及其与不良后果的关联，人们也不会对此畅所欲言。主要是由于他们担心遭到惩罚或报复。人们或是认为干预无法制止这些反常行为，或是得不到采取相应措施所需的协助（罗森斯坦，2002年）。但是，即使在充斥人际交往问题的工作场所，人们也认为，如果有更多时间和空间进行讨论，更为明确地规定可接受和不可接受行为，安排更多关于如何处理工作场所怪异行为的培训，所有人都将因此受益。

针对医疗场合的研究或许适用于大部分或是所有机构。回想我们与他人共事的职业生涯，你会发现，几乎每个人都能记起一些怪异行为。办公室环境涉及情势、事件和人格特质的相互复杂作用，偶然的争斗和冲突是难以避免的。我们必须理解并管理好问题行为，否则这些行为会对反常行为受害人、同事乃至公司整体业务产生一连串的负面影响。反常行为的始作俑者更会深受其害。

不受欢迎的人格类型

好吧，看到现在，你了解到哪些信息了？怪异行为随处可见，会产生很多负面影响。谁也不想被其所累，而且，谁也不想成为始作俑者。那为什么还会出现怪异行为呢？

我们在思考怪异行为的成因时，最好是把此类行为视为两人或多人相互影响的产物。只有一个人是无法形成破坏性局面的。之所以会出现困扰，是因为某个人的行为对其周围的人产生了负面影响。

在本书中，当我描述反常行为时，我们要思考的是个人如何与周围的人相互影响。在审视不同类型的问题行为时，我们要从人格类型的角度去思考自恋、健忘等不同人格的人在工作场所是如何影响他人的。

什么是人格？简单来说，人格就是个人特有的行为、思维和情绪，包括其待人处事方式、行为模式以及道德观和价值观。人格的某些方面是遗传决定的，其他方面则是家庭、文化、教育和其他因素共同作用的结果。个体的生物学特性和生活经历会导致特定类型的行为，包括特定类型的怪异行为。通过对人格的了解，我们能更好地理解相关问题行为并制订可行的干预方案。

本书并不是鼓励大家去诊断人格障碍。你也许认为身边的某些人非常难以相处，但实际上大多数人还远远算不上人格障碍。人人皆有人格特质，否则就是千人一面了。而人格特质与人格障碍有一个很重要的差别。这一差别非常重要，我们会在第二章的引文部分深入讨论。

回顾历史可以帮助我们理解大家对人格的观点。在古希腊和古罗马时期，人们用"四体液（the four humors）说"来解释不同的气质类型（吴和吉丁泽，2008年）。根据这一学说，粘液质的人感情淡漠，胆汁质的人急躁易怒，多血质的人外向乐观，抑郁质（黑胆汁质）的人个性悲观。希腊哲学家亚里士多德是第一位从较为现代的角度看待人格问题的学者。在公元前四世纪所著的《修辞学》（Rhetoric）中，亚里士多德提出了人的不同性格类型，他的学生提奥夫拉斯图斯（Theophrastus）在其基础上进行了扩展（康尔和马修斯，2009年）。提奥夫拉斯图斯以生动的文字描述了30种令人不快的性格，例如学习迟钝的人、喜欢搬弄是非的人和无赖帮凶等。自早期论述起，人格研究一直是以人为对象的研究的重点。将近2000年后，美国心理学创始人威廉·詹姆斯（William James）于1890年发表了《心理学原理》（Principles of Psychology），其中部分章节论述了人格问题。

即使是刚出生的婴儿也表现出不同的气质，并随着人生历练逐步转化为人格。新生儿显示出不同程度的抑制能力，通过与周围世界及看护人的互动，他们会形成不同的行为模式并最终发展为人格。最为普遍使用的现代人格研究方法可能是20世纪60年代提出的五因素模型。形成特定人格的五种因素为外倾性、神经质、经验开放性、认真性和宜人性（西尔格德，贝姆等，2000年）。根据这一模型，人格是"大五"因素不同程度综合作用的结果。

我在本书中不会用严格意义上的心理学定义来界定人格，而是把在工作场合出现反常行为的人们大致分为几种性格类型。我会简单描述这些人各自遇到的问题，解释他们为何会出现问题行为以及这些行为对周围人群的影响。你会发觉他们的经历听起来很耳熟。我们可以以一个建筑承包商的故事为例。假设这个承包商总是觉得有人针对他、长期担心自己会被告上法庭。我们还可以进一步假设，由于常年担惊受怕，他在工作中变得谨小慎微、控制欲很强。他总是觉得学徒工不靠谱，一不小心就会在他负责的工程中出现危险错误。作为负责人，他担心最终得由自己为学徒的失误负责，那样的话，自己就有了黑历史，他担心自己会因此失去生意，难以养家糊口，更无从在业界立足。

他还担心很多其他问题。一连串的担心让他与同事难以相处，因为他虽然想要控制结果，却无法提供有效的辅导或指导。一旦别人没有按他期待的方式完成工作，他就会大发雷霆。他工作时紧张兮兮，很难与大家相处。晚上回到家，他还是紧张万分，无法与妻子儿女好好沟通，以致他与家人的关系逐渐恶化。我会以这种形式来描述并解释某个人的性情是如何影响到工作场所的其他人的。

我会在每章简要介绍从古至今对相关人格的研究成果。在书中，我会介绍发生在某个环境里的怪异行为是如何反映出特定类型人格对周围人群的影响。处理怪异行为的关键是要识别人格类型与行为类型的对应关系。在本书中，处理怪异行为的核心是根据性格类型采取相应的处理方法。但是，我们要记住，所有分类都有可能过于简单化。对性格进行分类是为了便于我们理解如何接近那些难以相处的人、如何看待他们以及如何与其交往。这要求我们要有一定的灵活性，勇于尝试，不怕犯错。

从性格类型角度来看待怪异行为之所以重要，还有一个原因是为了让人们学会站在对方的角度看待问题。每个人都是独一无二的综合体，是生物因素和生活经历构成了每个人特定的行为方式。理解行为模式不只有助于解决工作中的冲突。与人交往时设身处地为对方着想，并帮助他人在与你交往时换位思考，各领域都会因此受益匪浅。很多时候，只要人们能设身处地地为对方考虑，彼此的关系就会得到改善。

我们还要认识到，人格以外的其余因素也会导致怪异行为。有些因素与工作场所文化有关。我说过，虽然近来有所改观，但有的工作场所更容易出现怪异行为；而有些公司文化更容易形成某些类型的反常性格。很多人被视为难以相处或是破坏分子，但实际上，他们只是不适应所在办公场所的文化。换个工作就解决这个问题了！

还有一些其他因素也会导致怪异行为。比如说，个人或工作场所一段时期内压力骤增会导致怪异行为增多。如果有人生病或是团队人手不足，办公室就可能出现更多的反常行为。此外，有些人的生活里长期充满了无法控制的各种压力，长此以往会影响到他的人际交往。本书在处理怪异行为时是根据个性类型采用相应方法，并未考虑上述因素。但是，我们必须要明白，这些因素也可能导致问题行为。某人一时的行为方式并不能代表他以前或是以后的行为方式。

如何应对怪异性格者

在讨论不同人格类型和针对各式怪异行为的不同应对方式前，我们有必要先了解一下处理问题行为的普遍方法，包括审视此类行为的严重性和持续性。偶有反常行为的人无须接受长期治疗，而对持续出现严重怪异行为的人来说，简单的谈话疗法可能毫无帮助。

要注意观察反常行为并及时采取措施，如果措施没有见效，不要轻言放弃，试试其他办法。本书会指导你面对反常行为时采取措施的时机、对象及方式。有时简单聊几句就已足够，有时则需要请管理层介入。基本上，干预程度取决于具体情况，并且可能会随问题行为的持续时间而逐渐加强。如果对方只是某一行为让你感到不快，也许你们只要坐下来喝杯咖啡、私下聊一聊彼此的想法和感受就可以解决了。

但是，如果反常行为多次出现，可能就需要进行更为正式的干预了。干预方式包括用数据或是其他证据向对方指明，让其意识到自己存在反常行为。为此，你可能得与反常行为人讨论其上个月缺勤次数，聊一聊别人对他的投诉或是在他桌子底下找到的一堆啤酒瓶。很多情况下，仅仅指出反常行为重复出现这一现象就足以帮助有些人调整其行为。例如，针对医生的怪异行为的研究表明，60% 有怪异行为的医生在被他人指出后未再出现此类行为（希克森，皮切特等，2007 年）。

人们得清楚他人对自己的要求。有时候，人们的行为失当是因为未能完全理解相关规则，或是规则突然改变，或是在未明确告知的情况下发生变化。

我们必须制订明确的行为规范。如若有人行为失当，必须让其意识到这一点。

很多时候，我注意到管理人员在发现不当行为时常常惊慌失措，不敢找相关人员谈话并明确声明其行为不可取。渐渐地，他们的回忆里充斥着这些怪异行为，却不愿去着手处理。管理人员没有进行干预的强烈意愿，其他雇员灰心气馁，犯事者则毫发无损、满心以为自己所作所为并无大碍。最终，管理人员会在跟我打电话咨询时描述存在已久的问题行为。若是这些管理人员能及时与对方坦诚直白地沟通，他们可能根本不需要给我打电话。你可以想象，同事往往比管理人员更早发现反常行为，却没有及时采取措施。

因此，第一步是要明确对相关人员的要求；第二步是要对违规行为及时做出明确回应。如果很难做到这点或是难以理解，请向他人求助。反常行为并不会因为你的逃避而神奇地消失，相反，逃避只会助长其气焰。随着反常行为持续发生、越来越难以改变，相应的干预方法也越来越专业。但是，即使是使用更为正式的干预手段，很多时候我们仍然可以使用鼓励方式，而不一定非要采用惩戒手段。

然而，我们要认识到，一旦管理人员介入，可采取的干预手段往往就非常有限了。因此，通常来说，如果第一个发现反常行为或被反常行为影响的人能立即采取措施，往往效果会更好。不过，管理人员与反常行为人进行严肃谈话或是安排其咨询专业人士，可能更有利于某些人幡然醒悟、改过自新。反常行为人可能也需要做出一些具体调整，比如减少工作时间、调到公司其他部门、避免面对某种情况甚至是离职。他们也许有必要接受高管教练的辅导，或是与人力资源或法律部门一起接受各种形式的治疗性干预，包括短期支持性疗法（以应对近期出现的压力）、认知—行为疗法（以管理愤怒或挫败等情绪），甚至较为长期的动力学治疗（以发现和解决长期人格问题）。极少数情况下，如果怀疑他们有健康问题，则可能需要安排体检、神经心理测试或是药物服用管理。以下章节会详细介绍这些干预方式的概念、适用对象和适用时机。

本书使用方法

本书将人们划分为几个类型。根据我的经验，有 10 种类型的人很容易被人视为难以相处，在办公场所会被人视为傻瓜。一个人的性格也许不止一种类型，而是混杂了多种令人不快的性格类型。很多人都展现出多种性格。

确实，就性格类型来说，很少有人是非此即彼。你可能有点好奇，到底该如何使用本书中的信息。关键是不要利用本书来为他人诊断。每个人都有不同程度的性格缺陷。当你为办公室里的某个"傻瓜"费神时，他的某些性格特点就会显得较为突出。对此，我的建议是，在你发现这些特点后，可以按照本书建议的相关方法来减轻对你的不利影响。如果这个人身上展现出不止一种性格特质，你也可以试试其他方法。一般来说，这些方法可以联合使用。所以，不要因为老板有一点斤斤计较就纠结他是不是自恋狂。你大可使用针对两种性格的技巧——迎合其唯我独尊的特点，同时尽量不在细节问题上与其争执。

但是不要试图在本书中找到和你遇到的"傻瓜"一模一样的人。经常有管理人员来找我，表示很担心那些似乎只有一次问题行为或只有某个行为令人生厌的人。他们只关注单一的事件，却无法从整体上看待这个人，看不到其展现出的其他特质。在阅读本书的过程中，如果这些管理人员找不到出现同样行为的类似性格案例，他们肯定会倍觉挫败。我们当然不可能把每一种性格都归入某种类型。因此，还是那句话，试着退后一步，想一想哪种性格类型的人会出现你遇到的问题，不要受制于事情本身。

事实上，很多人都具有多种性格。双面骗徒往往也比较多疑；捕蝇草型人往往也会斤斤计较；自恋狂和存在注意力缺陷的人也可能会斤斤计较。谁都会有两面性。谁都会有健忘的时候。所以，不要因为某一章节描述的案例与你遇到的办公室"傻瓜"极为相似但又有细微差别而纠结。你可以利用自己对反常行为人的了解，包括其生活经历、家庭背景、奋斗过程、人生目标，构建完整的故事，帮你理解问题行为出现的原因。

也许某位同事争强好胜，爱出风头，事事都想压你一头，总是对你明褒实贬。如果你知道她有一个驰名中外、才华横溢、被父母视为掌上明珠的姐姐，你会有所释怀吗？如果你知道这位同事一直渴望获得父母的关注，希望自己的成就得到认可、不甘心总是屈居人后呢？也许她只是把这种竞争心态带到了办公室，在与你和与其他人交往的过程中也一样好胜心切。即使她的所作所为是针对你，也许——只是也许——原因并不在你。不要和她争抢，相反，你可以试着称赞她的成就，让她感觉自己与众不同。你会发现，这会极大改善你们的关系。

做到这点并不难。你只需暂时放下自己的挫败情绪、想清楚其中的道理即可。当然，你可能并不了解、也无从了解别人的人生经历。但是，尽管有时候人们没有意识到这点，实际上，人们一般都很愿意敞开心扉，跟别人聊聊自己的忧心事，或是至少给一些提示。我们都知道，人需要与人交往。只需低头看看身边的各种电子设施，我们就能意识到自身对交流的渴望。所以，我的建议有点老派：面对面谈话，尤其是在你并不了解某人且其行为令你颇为担忧的情况下。对方说话时，看着他的眼睛，注意他的语气，了解他的身体状态。仔细倾听，不要急于下结论，否则，所谓的结论很可能只是你自己的想象，而不是事实。

你可能有点困惑：为了和这些人相处，我为什么要付出这么多努力？我为什么要学习这些方法？有问题的不是他们吗？你可能觉得，自己为了照顾他们真是费尽心力。就连阅读本书也是为了他们。我知道，这看起来不合情理。

请试着把人际关系中双方的影响看作各占 50%。虽然有时候，反常行为人也许会对你们的关系产生 90% 甚至 100% 的影响。我理解。但你需要做的就是管好自己的 50%，利用从本书中学到的方法尽可能地改善双方关系。你能做的只有这么多了。

免责声明

谨慎起见，我要说一下，本书是为了帮助读者理解那些个性难以相处的人并与之交往，而且主要是针对工作场合。但是，鉴于很多涉及雇佣关系的法律规定，决策或言行稍不小心就会违反相关法规。因此，请勿用此书给出的建议取代根据相关劳动法规而形成的人力资源部门惯常做法。比如说，本书多处论及干预时机和干预方式，涉及针对特定怪异行为的治疗、处分甚至解雇决定。《美国残疾人法案》（*The Americans with Disabilities Act*）以及相应的各州法律和地方法律都禁止歧视残疾雇员。此类法律对于雇主询问雇员精神问题、健康问题或要求雇员体检的次数和方式进行了限制。根据这些法律，雇主需为残疾雇员提供合理食宿以保证其能完成必要的工作。鉴于有关雇佣关系的法律法规十分复杂，管理人员应熟悉相关法律规定，并在做出涉及雇员的决定时征求人力资源部门或法律专业人士的意见。

因此，当我在书中提到有人接受治疗或是建议进行治疗性干预时，请读者假定这些治疗或干预都是通过工作中的适当渠道或是工作场所以外的渠道安排进行的。并且，别忘了，我是精神科医生！在我看来，人人都应接受某种心理治疗。而且，几乎所有精神科医生自己都会接受心理治疗！很多并未患有精神疾病的人在接受心理治疗后受益良多，或是更加了解自己，或是从失去亲人的痛苦中走出，或是找到了职场成功的秘诀。如果我在讲述这些案例时没有提到心理治疗这一干预方式，那简直是我的失职，或者说，这根本不可能。一般来说，推荐同事、老板或下属去接受心理治疗不太合适（还是那句话，请咨询人力资源部门或法律专业人士）。但是，既然我想让读者了解针对书中各式性格的人所能采取的全部措施，我还是把这些关于心理治疗的内容包括在内。

尽管本书并未论及精神分裂或双相障碍等严重精神疾病，我还是想简单提一下我对为这些人提供工作机会的观点。在我看来，为精神疾病患者提供工作机会不仅是为了满足法律要求，而且意义重大。概括而言，只要人们愿意且有能力工作，就应该获得工作机会。这对精神疾病康复来说十分重要，并且，这也有助于这些人过上充实而有意义的生活。只要具备适当的技能，在合适的条件下，任何有工作意愿的人，不论其是否存在精神问题，都应该获得工作机会。

记住，本书的目的不是帮你诊断同事有什么问题。你不能依据本书来进行诊断，也不能读完本书就认为自己有能力做出这种诊断。精神疾病诊断是一个复杂的过程，必须针对个案进行长期观察。精神科医生至少要经过 12 年的专门学习和培训——包括本科、医学院、住院医阶段的学习，有时甚至还需要经过专科医生培训——才能掌握所需技能。即使是对精神科医生来说，也需要经过对患者的长时间了解才能做出相关诊断。严格来说，我不能基于一次精神评估的结果就做出人格障碍的诊断，也不能在未与某名人连续会面的情况下为其做出诊断。本书未涉及已确诊的严重精神疾病患者。这就是章节标题未采用医学术语的原因，也是我们之所以要区分精神障碍与本书所讨论的性格类型的原因。如果我在某章节提到了相关诊断结果，读者可以将其视为一个契机，借此进一步理解如何更好地帮助同事，而不是仅仅为其贴上精神障碍的标签。

本书章节标题和性格类型命名无意贬低或侮辱任何人。这只是为了帮助读者记忆和理解不同性格类型和其行为。而且，这些标题和名称也有助于把本书讨论的性格类型与精神障碍区分开来。关键是让读者能注意到同事的主要特点，从而理解该同事及其做出某种行为的原因。在搭建起一个基本框架后，我们就更容易退后一步，全面地理解某个人行事或说话的原因，从而更容易站在对方的角度考虑问题，哪怕是面对丑陋或是卑劣的行为。如果粗暴地给别人贴标签、指责别人有病或有精神障碍，那就是曲解本书的宗旨了。

你还会发现，本书提到的干预方式没有那么神奇，而且，一般而言，这些干预并不是为了"治愈"。书中提到的多种性格类型的人都有根深蒂固、持续已久的行为模式。即使我们有意改变自身性格的某些方面，也无法迅速实现。还记得吧，人们口中的大部分所谓傻瓜并没有"患病"，因此，我们的目标不是"治愈"。我们是为了改善工作环境，让每个人都能愉快地相互合作。我们希望帮助人们理解人际交往规则以及违反规则的后果。我们希望创建易于管理、适合工作、人人相互尊重的环境，从而打造舒适的职场人际关系。你会发现，这些目标有时候也难以实现。解决问题的关键之一就是要在这些目标难以实现的时候有恰当的认识，并让对方——或是自己——离开这种不友好的环境。

最后，我要说明的是，书中提到的人物都不是真实存在的，每个案例里的人物都是很多案例的集合。我把自己近三十年执业生涯和咨询经历中遇到的数千案例进行了拆分组合，形成了这些最能体现特定性格类型特点的故事人物。如果你觉得自己认出了书中某个人物，实际上并非如此，这是我根据许多人的故事虚构而来的。

2
Chapter

引人注目的戏精

性格的多面性

很多人，包括你的同事，都有可能被确诊为某种类型的人格障碍。根据《精神障碍诊断和统计手册》："当人格特质缺乏变通、对环境适应不良并导致显著的功能损害或主观痛苦时……就构成人格障碍。"（美国精神病学会，2013）根据这一定义，由于人格障碍患者不能灵活自如地应对不同环境，其行为会影响到其社会功能和／或职业功能。人格从根本上控制着我们的社交行为，决定我们的交往对象和交往方式。当人格出现各种各样的问题时，首当其冲的就是人际关系。据说，10%~15%的美国人都可能被确诊为某种类型的人格障碍（吴和吉丁泽，2008年）。

人格障碍患者在思维、情绪和认知方面缺乏灵活性，适应不良，并会影响到其功能，进而在自尊、人际关系认识和对社会环境的适应方面遇到问题（斯特恩，罗森鲍姆等，2008年）。人格健康的人能愉快地与他人交往并体会到各种情绪，对自身和自己的目标有清晰的认识，并能承受一定程度的压力（福斯，精神分析机构联盟出版社，2006年）。人格障碍患者则反复多变。并且，很多有关临床症状的讨论——以及本书提到的性格类型——都涉及很多亚型。因此，健康人格与人格障碍之间没有非黑即白的明确界限。

但是，人格障碍患者往往需要持续治疗才能实现持久的改变。尽管如此，即使是反常行为也可以得到控制，只是可能需要进行更为系统和长期的干预。人格障碍患者寻求心理治疗很少是直接针对其本身的人格障碍。原因在于，人格是自我认识和自我认同的核心，决定了我们能否与周围人和睦相处。

根据《心理动力学诊断手册》（*Psychodynamic Diagnostic Manual*）："人格是人的本性，而不是人拥有的特点。"（福斯，精神分析机构联盟出版社，2006）实际上，人格障碍患者常常认为问题出在别人身上。因此，很多时候，他们寻求治疗并不是认为自身存在缺陷，而是因为出现某些症状——比如抑郁或是焦虑，甚至可能是由于恋爱失败或是晋升不顺。治疗若想见效，就要让其认识到他们感受到的负面情绪和无法达成的目标可能与其思维、情绪和行为方式有关，并在治疗中促使其产生改变意愿。咨询师可以指导人们理解生活中各式压力的形成原因和方式。

以前，某些类型的人格障碍被称为"B组"或"戏剧型"人格障碍。我们暂且称其为"戏精"吧。本章涉及的性格类型与此类人格障碍患者很相似。这些性格的人们可能会在办公室里出现最显眼的问题行为：他们会造成轰动效应、极尽捣乱破坏之能事。说到办公室里的傻瓜，你第一个想到的就是他们。如果你发现有人言行浮夸、喜怒无常，或是对周围人的态度反复无常，那就表示你有可能遇到了本章讨论的这类性格的人。他们可能言语粗俗、为人虚伪、傲慢不逊，缺少同情心。同时，尽管这些人难以相处，我们也应当对其有同理心。他们之所以会形成这种性格，多是由于某些先天因素、其他生物学因素、童年创伤以及青少年时期混乱不堪的经历。此外，尽管他们表面上一直坚持自己的行为模式，但实际上，这些行为经常给他们造成压力。他们常常会面临人际矛盾，感到不得志或空虚。

本章讨论的性格类型严重程度有所不同。例如，有的人可能无法控制冲动，也就是说，他们可能无法控制自己的行为。他们可能会突然采取行动，似乎完全不计后果。他们也可能无法控制自己的想法和感受，常常无法变通，会曲解他人的意思。他们也可能无法控制对相关事件和人际交往的情绪反应。此类行为模式长时间持续，有可能给其自身及周围人群造成很大压力。他们在办公室内外的人际关系往往都会受到很大影响。实际上，在某些方面来说，这类性格的人们面临的问题可以概括为很难维持稳定、有效的人际关系，因为他们往往待人苛刻、富有侵略性，而且反复无常。

与其他章节相比，本章涉及的性格类型有可能会导致更为戏剧化和混乱的破坏性场面。我们重点要讲的是自恋狂、双面骗徒和捕蝇草。如果工作环境里有此类性格的人，可能会出现极为严重的混乱。

眼中的自己最完美——自恋狂

西方文化一直很钟爱关于纳西索斯（Narcissus）的希腊神话。故事讲的是河神和仙女之子——长相俊美的纳西索斯。传说他在湖边看到自己的倒影后为之着迷，疯狂地爱上了湖面上的那张面孔，并由此堕落。纳西索斯没有发觉那是自己的倒影。他始终迷恋倒影中的俊美容颜，最终枯坐湖边而死。

这个故事在世界各地不断传诵，历史悠久。2000 年前，古罗马诗人奥维德（Ovid）和古希腊诗人尼西亚的帕耳忒尼俄斯（Parthenius of Nicaea）就讲述了纳西索斯的故事。我们在卡拉瓦乔和达利等著名画家的画作中也会看到凝视自己倒影的纳西索斯。不过，对纳西索斯的故事感兴趣的可不只是艺术家。医学界一直以来也都十分关注这种过度关注自身的行为。在英文中，用于统称各种自恋行为的 "narcissism（意为 "自恋"）" 一词就是源自纳西索斯。英国医生哈夫洛克·蔼理士（Havelock Ellis）于 19 世纪初提出了 "narcissism" 的概念（平克斯和卢克维茨基，2010 年）。蔼理士是一名性学家，他用 "像纳西索斯一样" 来描述过度手淫的人。当然，这是对 "自恋" 的一种截然不同的观点（米隆等，2012 年）。著名神经学家西格蒙德·弗洛伊德在其颠覆性的精神分析理论中也描述了过度关注自身的现象。20 世纪，其他一些著名精神分析学家，如欧托·克恩伯格（Otto Kernberg）和海因茨·科胡特（Heinz Kohut）等，进一步完善了有关自恋的心理学研究（平克斯和卢克维茨基，2010 年）。科胡特对比了无意义生活与充实而有创造性的生活中孤独而自恋的感受，并在此基础上提出了一种理论（米切尔和布莱克，1995 年）。

克恩伯格则主要研究关爱他人以及与他人交往能力的发展。

纳西索斯的故事很荒谬，这怎么可能！但也很常见。大多数人都没有遇到过自恋而死的朋友，但我们认识的人里肯定有那种多少有点自恋的……

自恋狂的基本特点

有一点自恋很正常。根据精神病学理论，自恋实质上是高度评价自身的能力。自尊的概念与之相似。这个人格特质本身并无不当之处。实际上，若想在尝试新事物时有望成功，自恋必不可少。自恋是人类成长历程中的基本心理素质。当然，和纳西索斯一样，自恋可能会过度。这正是这个特质让人烦恼之处。但是，对自己信心十足、相信自己有能力取得成功，这一点确实非常重要。人们有勇气申请法学院、报名参加吉他课程、向心爱之人表白，正是由于健康的自恋。如果对自身获得成功的能力没有自信，我们就会否定自己，不去追求任何梦想，甚至不做任何计划。如果没有自恋，我们可能会说，"我不想申请法学院，我太笨了"，或是"我永远都学不会弹吉他"，或是"她肯定会拒绝我的"。如果我们从来不关注自身，就无法满足自身需求或是实现自己的愿望。自恋让我们得以关注自身以及自己的目标，让我们有信心获得成功，从而帮助我们满足自身需求、实现愿望。

不过，自恋也会有极端的情况。在精神病学中，病态自恋，或称问题自恋，会导致过度自负，以致妨害功能，例如，可能导致患者无法成为成功的律师、无法学会吉他或是表白失败。如果某人经常盛气凌人、以自我为中心、高高在上，希望获得别人关注，那就是自恋过度了（洛宁斯塔姆，2013 年）。在这种情况下，人会变得自负，爱慕虚荣，只能接受表扬。病态自恋的人傲慢自负，不愿求助他人。对他们来说，约会对象可能一去不回，而新吉他则被砸个稀烂，只因上课第一周内无法奏出完美的和弦。

根据最近的精神分析研究，大约有将近 6.2% 的人患有自恋型人格障碍（美国精神病学会，2013）。研究结果表明，自恋型人格障碍患者中有 50%~75% 为男性。

理查德的故事：第一部分

我在职业生涯中当然遇到过自恋狂。实际上，这可能是最难相处的个性类型之一。理查德就是一个非常自恋的人。他是一个事业有成的行政主厨。我被请去为他咨询，是因为他在厨房里拿着一把大菜刀冲副主厨扔了过去。理查德是典型的自恋狂——虚荣、渴望他人崇拜，对批评很敏感，无法理解他人感受（美国精神病学会，2013 年）。因此，他很适合拿来做"看我"式自恋狂（"Look at Me" Narcissus）的例子。在后面的讨论中，我们会讲到他与"可悲"式自恋狂（"Woe Is Me" Narcissus）和"无可救药"式自恋狂（"Impossible" Narcissus）的相似与不同之处。

我给理查德做咨询时，他已经是一家热门餐厅的知名主厨了。在一次日常备餐时，他要求助理递给他一把菜刀，但助理递给他的不是他要的那种。可能是有点大，或是没带锯齿，就是这一类的问题。他为此大发雷霆，把刀冲着已经吓蒙了的助手扔了回去，自己则气呼呼地冲出了厨房，骂骂咧咧地说助手太不称职。

此次扔刀事件当然不是理查德的下属第一次被他吓到。实际上，对于那些达不到他要求的人，他总是表现出一副居高临下的样子，要求十分严苛。只要他认为别人没能帮他实现其宏伟目标，他就有可能立即与其针锋相对。理查德经常在厨房里使用一些很危险的技巧，并坚称自己使用的这些新式方法是最好的，总有一天会成为"新标准"。有一次，他非要用一种酒来点火烤菜，尽管大家都知道那样很不安全。当然，他是强迫别人点的火。结果，菜肴和那个员工的衣服都着了火。理查德反而叫嚷着说那人"不配"在他的厨房干活。

他看不上任何会妨碍他进步的人。他会当着同事和其他主管的面大声羞辱别人，要他们好好干活，却不给任何指导和建议。大发脾气的时候，他会把食物和餐具扔得满厨房都是。大家随时都得猜测他到底想干什么。人们猜不透他的心思，却不得不尽量预测其想法而提前做好安排。谁也不想和他合作。他手下的员工流动非常频繁。和他合作的人总是惴惴不安，因为随时都会被他寻到错处、咆哮一番。他经常气呼呼地冲出厨房，把门在身后重重一摔。这样一来，每个人，包括顾客，都知道他很不痛快，而且事出有因。

不只在厨房，理查德在其他人际交往中也是这样。他可能会和大学好友一起去酒吧，或是和同行一起参加一些活动，但没有什么亲近的朋友。晚上出去玩的时候，他会滔滔不绝地给别人讲述自己如何功成名就、获奖无数，研发了众多菜谱，交游广阔。起初，很多人都会被他的自信和经历吸引。但是，时间一长，人们就会无比烦恼地发现，他总是在说自己的事情，根本不给别人开口的机会。不管什么话题，理查德总能找到机会谈起自己的某次成功经历或是自己获得的出色评价，哪怕都是些陈年往事。要是有人胆敢指摘他，不论他是多么有风度或是幽默，迎接他的肯定是理查德一连串的辱骂。

然而，理查德对自身行为的看法与别人不同。每次因为工作上的事生气后，他都觉得大为恼火。他总认为是别人的错。理查德觉得，受委屈的是自己，不是团队其他人。他很困惑，为什么大家总要阻止他去做他自认有能力完成的事情。面对同事的眼泪、厨房里的紧张情绪、因他而起的明显的恐慌情绪，他都无动于衷。实际上，他反而因此觉得自己领导有方，认为是自己让团队明白必须做到最好。

在理解了理查德的自负和愤怒后，我开始从自恋狂的角度审视他的行为。我们发现，在所有人际交往活动中，理查德都极力夸大自我价值。尽管事业有成，他却并不满足。对朋友和暧昧对象，他会夸大自己的成就。在工作中，他会高估自己的能力，把缺点都推到别人身上。他希望别人能一眼看到并欣赏他的价值，并公然要求周围的人称赞他。

我们还发现，理查德一直在追求其自认为可达到的成就，可以说是永无止境。当他无法取得进展而感到受挫时，他就会责怪别人妨碍了他。理查德无法接受自己的能力和成就是有限的。从根源上来说，这是由于他内心根深蒂固的不安全感。

自恋狂是如何形成的

扔刀子这种危险行为属于问题行为的极端情况。在工作中，一般自恋狂可能不会出现这种行为。但是，在平常的工作场合，低自尊的人会不顾一切地向他人展示自己的重要性，希望得到他人的赞扬。他们和理查德属于同一性格类型："看我"式自恋狂。关于自恋狂，我们要记住一个特点：外表傲慢自负，内心脆弱，渴望得到他人认可。具有健康自尊的人们自我感觉良好。而自恋狂会不顾一切地寻求过度补偿[1]。健康人格的人们不需要依赖他人来建立自尊，只是偶尔会自得一番。而自恋狂则需依靠他人来不断强化其自尊。

在日常交流中，我们往往认为自恋狂自视甚高。实际上，自恋狂外表自私自利，实则是为了保护自己的自尊。但是，这些缓解痛苦的技巧在工作场合会造成问题。如果我们再回顾一下有关纳西索斯的希腊神话，我们就会发现，如果是在现代，纳西索斯会望水而死，却不是因为爱上了自己，而是因为他一直在等待对方的赞美。

如果我们不把理查德当成实际生活中的高大男子，而是把他想象成一个内心脆弱的小男孩，理解他必须像吹气球一样把自己吹起来才能感觉内心强大，我们可能就会对他产生同理心。他的生活就是不断地吹气球，保持气球鼓胀，让气球外缘尽可能地远离中央弱小、脆弱的男孩。这种内心虚弱、喜

---

[1] 译者注："补偿"为心理学术语，指一种心理防御机制。当个体因自身生理或心理缺陷而导致不能达成目的时，会以其他方式来弥补这些缺陷，以减轻焦虑、建立自尊心。

欢吹嘘的人都很脆弱。毕竟，气球里填充的是空气，无法让人感到安全、稳定和诚挚。他的所有行为都是为了让自己外表显得强大，以掩饰内心的虚弱。就像气球很容易爆炸一样，自恋狂很容易就会暴露出内心的脆弱。他会不遗余力地防止这种情况出现。例如，如果自恋狂没有朋友，他不会去思考是否要归咎于自己的态度或行为，而是可能会觉得，"那是他们嫉妒我"，或是"我不需要他们"。

和其他问题人格一样，目前已知的自恋人格成因非常复杂。并不是说避免某种经历，或是在养育过程中避免某些行为就能避免形成自恋型人格。但是，自恋狂的早期生活经历确有相似之处。

理查德出生富裕之家，家里小有积蓄，住在波士顿郊区。他的基本需求和物质需要都得到了满足。但在舒适的外表下，理查德的地位非常微妙。妈妈赫莲娜努力确保理查德生活幸福，并以此作为衡量自己是否成功的标准。据说，理查德妈妈家与匈牙利王室有些渊源。她总是告诉理查德说他有"王室血统"。理查德4岁时，她就把他送到私立学校——这比他兄弟们的入学年龄都要早——希望他能早日成功。与此同时，理查德的爸爸在这个小儿子的成长过程中则居于次要地位，还经常指责他是"妈宝男"。

在理查德的故事中，我们看到了自恋狂的典型成长环境：重视地位和成就甚于其他（迪马济奥，2013年）。早期对地位和成就的关注逐渐变成了生活的重心。同时，我们也发现，理查德的爸爸经常会羞辱他，他因此学会了夸大自我价值来应对爸爸的批评。理查德的物质需求都得到了满足，但很难说他的基本情感需求得到了父母的持续满足。在自尊的发展过程中，儿童需要养育者认可其感情和需求。他们要知道养育者了解并珍视自己才会有安全感。

自恋狂自我吹嘘的外表背后是自我批评和自我审判（洛宁斯塔姆，2013年）。独处时，自恋狂会担心自己做得不够好，害怕自己永远无法满足自己或他人的期待。如果自恋狂认为自己未得到应有的赞扬，他实际上会产生非常负面的情绪：感到屈辱、丢脸、一无是处（美国精神病学会，2013）。

"看我"式自恋狂

放下理查德的故事先不说，我们来看看办公室里其他"看我"式自恋的人会有怎样的不同行为。有些人会通过巧妙的措辞来"求表扬"。比如，自恋狂可能会穿戴整齐地走进办公室，却说，"啊，我今天起晚了。随便抓了件衣服就穿上了。我头发乱死了！"以及诸如此类的话。这些话实际是为了让别人强化其自我感受，就像我们说："你看看我！""你的头发很棒啊！我喜欢你这件衬衫！你穿什么都好看。"求表扬听起来没有那么自恋，但这是低自尊的人们为了得到赞美而使用的一种技巧，这会让他们感觉好一些。

我们都会偶尔谈及自己的事情，但"看我"式自恋狂很容易说起自己就没完没了：我干了这个，我干了那个，我有这个，我要买那个。我们忍不住要翻白眼：他又来了……在这种完全由一方主导的对话中，经常会有人漫不经心地一瞥或是一声长叹。你想发表意见，但是说不了几句，他们就会像发现猎物一般猛扑而来："哦，说起这个，我想起我……"只要你提一句自己的事情，他就会跟上一连串关于自己经历的描述，就好像你本来是打算从水龙头接几滴水，结果却弄得水花四溅。这种信息轰炸的做法让他们感觉自己很重要。看我！看我！他们觉得人们对他们很有兴趣、愿意听他们说自己的事儿。他们喜欢讲自己的成就来娱乐听众。

自恋狂不大可能会问你的情况。如果问了，他也只是期待一个简短的回答。而且，他可能会忘记你已经说过的事。通过掌控大部分对话，自恋狂得以阻止任何人说出可能会对其不利的话。这是自恋狂喋喋不休的原因之一：自己絮叨，哪怕只是漫无目的的闲聊，也比听别人说保险多了。他们不想听到别人的成就或是任何可能的羞辱之词。他们只希望获得别人的关注和赞扬，却毫不在意（有时是无法理解）他人感受。这种倾向也可能表现为在会议和展示会的问答环节，可能会离题瞎扯。他们纯属为了发言而发言。而且，别人发言时，他可能会玩手机或是涂指甲油以显示优越感。他要传达的信息是："我没必要听这个。我不需要。我最优秀。"

如果自恋狂肯让你多说几句,那你可能就得准备好迎接他的批评和贬低了。"哦,我觉得这个对你挺好……我要是愿意,我也能那么干。只是我不太喜欢这种事……"他们的成就都是闪闪发光的钻石,别人的成就则是不值一提的煤块。这就是所谓的永远胜人一筹。不管别人做了什么,他都会说他能做得更好,甚至可能会说"你就是嫉妒"之类的话来抬高自己、贬低对方。自恋狂常用的另一种技巧是把羞辱之词包裹在笑话的外壳下:"我还以为他们会给我分配一个漂亮的助理(一面眨眼、微笑)。"同事可能会觉得他在指责自己。自恋狂还有一种更为巧妙的技巧是灵巧地转变话题,这样他们就不用听别人讲述成就了,这对他们来说可是相当痛苦。你们可能刚刚还在聊你最近得到的奖项,话题却突兀地变为"我听说楼里的电梯要更新换代了"。这也许不是什么大问题,但确实令人不满,而且,这也可以说明对方是自恋性格。

而你要是胆敢对自恋狂发表评论,那你就准备"受死"吧。交谈时,我们经常会想做出反馈、表达一下自己的观点,但却有可能事与愿违。不注意方式的话,自恋狂可能会更加目中无人。自恋狂的一个特点就是对批评非常敏感。在受到指责时,他们往往会暴跳如雷,甚至会乱扔东西或是损坏财物,当然,肯定还会重重地摔门。如果说有什么事情能让自恋狂生气,那肯定是批评。而且,不论是确实受到批评,还是自认为受到批评,自恋狂都会愤怒不已。他们会在各种肤浅的情绪之间迅速转换。这种性格类型的人常常曲解他人的话,认为对方伤害了他们的自尊。因此,即使是一些中性的观点也可能导致其大发雷霆。而且,他们大发脾气时很有可能会指责他人。这是自恋狂为了保护内心脆弱的自我而故作强大、自命不凡,他们必须显得高人一等才会觉得舒服。

如果自恋狂认为自己受到了羞辱,他们也可能会选择无视、冷落对方或是生闷气。他们也许会以更消极对抗的方式来表达自己的愤怒,比如说不回复邮件或是不参与下一个项目。为了报复那些有损其"强大"外表的人们,自恋狂会以退为进,间接攻击这些人或是惹他们生气。自恋狂还可能散播有关他人的谣言或谎言来诋毁他人。如果有人刚刚升职，自恋狂可能会跟同事说这人"在商学院考试时接连 3 次都没考过"。

有趣的是，自恋狂是言语上的巨人、行动上的矮子。他们经常喋喋不休地谈论自己的各种技能，却总是吝于展示。他们虽然花很多精力谈论自己，却倾向于逃避某些事情。比如说，他们可能会夸耀自己滑雪很厉害，可是当同事们周末组织去滑雪时，他总是另有安排。这是因为自恋狂有时会避免公开竞争。一方面，参与竞争固然有获胜的可能，但也可能会遭遇损失、失败和尴尬。自恋狂所做的一切都是为了维护其威严、自信的形象。因此，他们有时会宁求稳妥而避免参与竞争。失败，尤其是在众人面前失败，对自恋狂来说是沉重的打击。另一方面，自恋狂也可能会由于担心失败而逃避面对一些不那么明显的挑战。由于担心自己辜负他人期望，他们也许不会接手大项目或是要求升职。在他们看来，尝试以后惨遭失败，还不如不去尝试。但他们却在内心安慰自己一定能做到。因此，有时候自恋狂会显得胸无大志，似乎有点敷衍、逃避责任。

很多时候，自恋狂喜欢与被他认为是奋斗目标的人们交往。与人交谈时，不管是否合适，他们总喜欢攀附名人来抬高自己的身价。他们可能会努力接近地位较高的人，想尽办法吸引对方注意。尽管自恋狂在很多方面难以相处，但这类性格的人很有个人魅力，而且其自信很有感染力，因此，他们往往能成功建立对其有益的人际关系。而且，如果自恋狂地位提高或是得到晋升，他们就会想办法摆脱某些人。他们会避免与其认为地位较低的人们交往，甚至可能会为了让自己显得更优秀而取笑自己实际上很喜欢的人或事。比如说，自恋狂在得到晋升后就不会再与以前的同事共进午餐，只因怕有损其形象。但是，如果自恋狂认为你的成功对其构成威胁，他也可能会中断与你的交往。正如他不能忍受听你讲述自己的成就一样。你做得好（其实是做得比他好），会让他很愤怒。他不能忍受待在你左右或是听别人夸奖你的成就。他们不会容忍，而是会直接与你断绝交往。也许，他们会选择不参加某个重要的展示会或是颁奖礼，以此来吸引别人的关注。

遗憾的是，自恋狂这种渴望表现出众的特点可能会发展成为更严重的问题。他们也许会将别人的工作成果据为己有，尤其是在大家合作完成工作的情况下。他们不一定会直接作弊或是偷取他人工作成果（有这种可能），更有可能的是，他们会歪曲事实以塑造自己精明强干的形象。比如说，在提到大家合作完成、反响不错的展示时，他们可能会说，"我做的展示反响不错"，无视大家的努力。反之，如果出了问题，自恋狂则归咎于别人——对，你猜对了，就算主要责任在于他们也是如此。

由于自恋狂总是显得信心十足，人们很容易就会认同他对团队未来的构想，因此，他们在公司或机构里一般都能得到晋升。但是，一旦当上领导，自恋狂可能就会摆出一副"顺我者昌、逆我者亡"的姿态。而同事们就会困惑："他为什么要这样？他为什么冲我大吼大叫？他为什么最后一刻通知我周末来加班？他为什么要逼我干活？"与此同时，自恋型领导会放任自己的不当行为。他会用自己已有的成就来做借口，"因为我是老板！"或者是，"去年的净收入只有3位数，我有权叫你们周末来加班！"自恋狂用虚无的成就感做借口来苛待同事，为所欲为。他们为自己违反规则辩解时也是这种思路。例如，如果自恋狂希望大家都参与某项工作，自己却不想加入，他的内心独白可能是："哦，我当然不需要干这个。我跟他们不一样，所以我才有资格让别人替我做。"出于这种心理，自恋狂在工作上总是没完没了地希望别人帮忙。与此相似的是，他们常常觉得规则管不到自己，因此，他们并不遵守规则。

如果你在和某人交往时感觉自己必须小心翼翼，以免对方认为你"出言不逊"，那对方有可能是个自恋狂。有趣的是，这一点也表明你非常关注对方、希望了解对方的喜好，而这正是自恋狂期待的。当然，时刻关注自恋狂的需求并非度过办公室时光的理想方式，但是，如果你总是能比骄傲自负的自恋狂早想到一步，你就能避免一些不必要的麻烦。除了巴结有权有势的人，自恋狂也喜欢交往个性随和、唯唯诺诺、喜欢自谦以及愿意倾听的人。

如果你在人际交往过程中感到愤怒、感觉自己不受对方重视，这也表明对方可能是自恋狂。你可能会发觉自己想要对抗或是证明对方有误。自恋狂可能显得不可一世、成竹在胸，也可能冷漠无情、麻木不仁，控制欲很强，喜欢压榨别人。你一定要记住，自恋狂有可能外表极富魅力，人们会喜欢上他，为他喝彩，甚至因其备受鼓舞。与自恋狂交往时，难点之一便是如何看透其虚伪的外表。但是，如果你在人际交往中发现你愿意信赖或是与之纵情欢笑的人只关心自己能否功成名就、对别人毫不关心，你会瞬间感到非常失望，同时，这也说明对方可能是个自恋狂。

不同类型的自恋狂

在办公室里可能遭遇"可悲"式以及"无可救药"式自恋狂。自恋行为在办公室里的表现方式可说是数不胜数。因此，我们一定要了解自恋狂为吹嘘自己而通常采用的与同事的交往方式，以便及时发现此类行为。这里，我们要特别说明一下另外两种亚型的自恋狂，那就是"可悲"式和"无可救药"式自恋狂。

"可悲"式自恋狂

尽管理查德的行为有点极端，他的故事还是很能体现"看我"式自恋狂那种桀骜不驯的性格。另外一种很常见的自恋狂是"可悲"式自恋狂。从下文的案例可以看到，"看我"和"可悲"式自恋狂的表现有很大不同，但其本质都是外表假充自信、实则内心脆弱。但是，与"看我"式自恋狂咄咄逼人的傲慢不同，"可悲"式自恋狂更多的是迎合别人、希望得到别人的肯定。

我曾对一位名叫乔伊的金融界成功人士进行评估。他写了一本很有影响力的书，年纪轻轻就当上了一家大型跨国公司的部门主管。他事业有成，却总是惦记那些他认为尚未到手的东西——宽敞的办公室、优美的窗外风景、老板的真心赏识、更有权势的职位。他希望人人都喜欢自己，总想确定自己是不是有好人缘。他有一个长长的联系人名单，并且会定期给这些人打电话，"只是问个好"。一有什么流言，他肯定第一时间知道。问题在于，大家为此烦恼不已。人们都很困惑，他哪来的这么多时间？！他不是应该很忙吗？由于他过于频繁的联系，大家觉得他依赖性很强。起初，大家接到他的电话还很开心，但很快就不堪其扰。他在电话里总是喋喋不休地说自己的事情，常常一再要求对方肯定他做得对——哦，不是，是做得最好。他生病也跟别人不一样。只要鼻子一塞，他就会说这是今年"最严重的一次感冒"。还有，医生从未见过像他这么严重的腕管综合征。即使是说起自己的健康问题，乔伊也是一副自我陶醉的样子。

以乔伊的事业成就来看，他本应备受尊重。可是说起乔伊，大家要么翻个白眼，要么就会说："哦，乔伊真可怜。我还以为每天的治疗性共同乘车就要开始见效了，谁知道，唉……我看哪，他想要的，谁也给不了。"我们发现，和理查德一样，乔伊也是以自我为中心，但他采取的方式与理查德完全相反。人们会害怕、讨厌理查德，却看不起乔伊，不想和其往来。说起乔伊，大家都会觉得，"真可怜"！"可悲"式自恋狂通过与支持他的人结盟来达到受人欢迎和保持"消息灵通"的目的。归根结底，他们只是希望得到别人的喜爱甚至尊敬和爱戴，从而通过他人的支持和鼓励强化其自尊。

"无可救药"式自恋狂

还有一种自恋狂，别人根本无法帮忙。我称之为"无可救药"式自恋狂，因为他们把自己的自尊置于严密的保护之下，任何治疗都不会产生任何影响。这种类型的自恋狂确实存在病理性人格障碍。改变自恋性格的关键是要意识到自己的缺陷，直面因此出现的问题（不论其形成原因为何）并真诚地希望摆脱自恋性格。你会发现，就连前文提到的厨师理查德最终也会担负起自己的责任、深刻认识到自己所面临的问题根源在于自身。"无可救药"式自恋狂则只会围绕自己思考问题，缺乏共情能力。他们把自己的所有不幸遭遇都归咎于他人，任何时候都认为自己才是"有理"的一方。任何干预或现实检验[1]都不会影响"无可救药"式自恋狂对自身行为的看法。其他类型的自恋狂可能偶尔会意识到内心深处根深蒂固的不安全感，"无可救药"式自恋狂则为了保护自我完全不去思考这个问题。也就是说，他们通过避免对自己进行负面评价来保护自尊。这种保护机制意味着他们听不进任何批评，也认识不到自身缺陷，从而缺少改变动机。如果你在办公室碰到"无可救药"式自恋狂，那他很可能待不了多久，因为这种行为会导致他们无法维持稳定的工作。

阿密特是由父母介绍到我这里来的，因为他什么工作都干不长。我只和他有过一次短暂的会面。他每次想要努力工作时，都会以失败告终，因为，不幸的是，他在工作中遇到的老板和同事或是随便什么人似乎总是"傻瓜""笨蛋"或是"疯子"。一旦老板发现他行为不正常，往往很快就会将他解雇。阿密特的父亲是一位事业有成的企业家，在以数百万美元的价格出售家族企业后仍然担任兼职顾问。阿密特认为这笔钱理应作为他这辈子的财务保障，因为这是他"应得的"。他父亲似乎也相当自负，在我们短暂的会面中不断提及自己令人"难以置信"的各种成就。阿密特总是觉得父亲看不起他，感觉自己好像生活在父亲的阴影下。他母亲的行为则似乎有点儿过度补偿，总是尽力让他相信自己能力出众、地位显要，而且有权得到他想要的任何东西。阿密特家位于一处富裕的郊区，他的定制西装、昂贵的三餐和环球旅游都是由父母资助的。但是，他父母越来越烦恼和气愤，因为他们对儿子的多年资助并没有让他产生任何进取心。他所谓"财务顾问"的身份实际上是指"我有时会玩一玩家里给我的股票"，而他父亲是唯一拆穿他的人。为此，阿密特更恨父亲了。可是，就连他母亲也开始觉得自己养出了一个怪物。质问也好，干预和治疗也罢，都没有任何效果。阿密特就是不明白为什么要改变——

---

[1] 对外界进行客观评价并合理区分现实世界和内心世界、自身和非自身的过程和能力。

这都是他应得的！等待年迈父母的下一次盘问，（偶尔）意识到自己没朋友或恋人，总是感到生气——这就是从事家族生意的代价。

通过对比"可悲"式和"无可救药"式自恋狂，我们再一次看到，自恋行为有很多种形式。也许乔伊的行为会让我们感觉烦恼或是作呕，理查德或阿密特的行为则更有可能让我们怒火中烧。阿密特的例子也说明了生活环境对自恋人格特质的影响。最初，是他的家人提供了自恋的温床，等到他自恋程度日益严重，尽管父母想尽办法去改变他，却再也无法控制他把一切视为理所应当的心理。

职场中的自恋狂

基本了解自恋狂的特点以后，我们就能理解办公室里这些自我中心的人大概会出现什么行为了。各种研究都表明自我中心主义似乎与职场领导身份有关。自恋狂领导往往是因为在其特有的自私傲慢性格驱使下做出的决策和目标而获得晋升（罗森瑟尔和皮丁斯基，2006）。但是，在此过程中，他们往往自吹自擂、无视公司制度（罗森瑟尔和皮丁斯基，2006）。他们一路喧嚷地向上爬，留下一地狼藉。很多时候，自恋狂为了获得晋升会大肆宣扬其个人或对公司的宏伟目标，随后则通过压榨他人或是用冒险、不道德的手段来达成目标（坎贝尔，霍夫曼和马奇西奥，2011年）。自恋型领导常常导致他人无法高效工作，从而影响整个团队的表现（尼维卡，滕威尔登，德胡和范韦亚男，2011年）。

如果办公室里有自恋狂，经常会导致钩心斗角。每个人随时都在猜测自己在这个等级环境里的地位——谁比自己高、谁不如自己。至少对普通职员来说，办公室整体氛围是竞争性的，不是支持性的。而这类机构的领导倾向于尽其所能地消除自己需要面对或担负的竞争、反馈和责任。老板和雇员之间常常缺少沟通，很多决定似乎都是关着门做出的。人们往往被迫接受上级的违规行为，有时是涉及性、金钱或地位的恶劣行为。

如果办公室里出现自恋狂相关问题，这与公司文化和对自恋行为的认可有很大关系。比如说，某些团队会驱使团队成员人人争当"最优"，这样就很容易激发自恋行为。如果辅以匿名举报、安全举报等有效的检查手段，胸怀抱负、良性竞争对公司发展都很有意义，而且能有效地促进公司发展。若非如此，如果只是不断要求团队成员做出更大的成就，则可能会导致霸凌以及过高估计团队潜力。人们认为，银行投资业、公司法行业或是医疗行业等有级别之分的工作可能会促进甚至鼓励自恋行为。与此同时，我们也一定要注意日常与自恋狂一起工作的雇员是否受到自恋行为的负面影响。

如何与自恋狂相处

如果在工作中发现有人可能是自恋狂，你可以采取一些手段来缓解其自尊自大行为对你的影响。具体方法取决于你与该人在工作场合的关系。也就是说，针对自恋型老板和自恋型培训生，你可能需要采取不同的策略。一般说来，如果你是自恋狂的下属，那就大肆赞美他，然后闪到一边。如果你是自恋狂的雇主，那就立好规矩，视情况让其接受治疗。如果你是自恋狂的同事或不属于上述任何情况，也有很多方法值得尝试（也可能包括忍耐或让其他领导认识到求助专家的重要性）。

就日常交往来说，迎合自恋狂唯我独尊的特点对于与其打交道很有帮助。偶尔认可其成就、长处或价值会在很大程度上避免其生气或是话里话外地贬低你。有些时候，你可能只需要评价一下他付出的努力。给自恋加把火，对于避免无谓的冲突尤为有效。尤其是，如果你的老板有点自恋的话，你得让他感受到，他对你来说非常重要。不管这么做有多难，你都要去努力。不然，如果自恋型老板认为有人和他不是一条心，那他可是会让这人每天一到办公室就如身处地狱一般。

要真诚地赞美他们。如果你需要自恋狂帮忙或是需要其做出改变的事情有可能被其视为侮辱，那一定要试着先表扬他一番。实际上，自恋狂唯一听得进的意见总得有表扬的成分。即使是简单如时限提醒，你可能也得加上一些有赞扬意味的成分，比如说，"我等不及周五看你的提议草稿了"。记住，自恋狂有一种特殊的技能，完全听不进任何批评。即使是一个简单的建议或提醒，如果其中没有表扬信息，也会被他们曲解为辱骂。

另一种策略是要对自恋狂表示关注。如果你对他关注不够，他就会认为你对他有所不满。即使是一些简单的行为，比如出门经过他身边时说一句"周末愉快"，也会对你们在办公室的关系大有助益。同样，一定要尽可能地随时回应自恋狂的请求。如果他让你顺路去他办公室一趟，那你最好马上就去，没听完的语音留言可以回来再解决，千万不要说，"我忙完手头的事儿就过去"。自恋狂可能会把这句并无恶意的话曲解为"我有重要的事要做，而且实际上这事比你重要多了，因为我觉得你一无是处"。这会让他愤怒不已。等你5分钟后赶到他办公室时，他早已怒火中烧；为了报复你并不存在的指责，他也许会额外给你安排两项工作。同时，也要尽快回复他们的短信、邮件或是任何其他形式的通信信息。快速回复会让自恋狂感觉到你对他的尊敬和重视。

显然，这些策略都让你感到很挫败。谁也不想迁就自恋狂——这不仅很难，而且让人感觉不公平。你可能会觉得，为什么要对他有求必应。你会有这样的困惑很正常。但是，同时，你得认识到，这是因为只有这样才最有效。否则，你就等着被痛骂、欺负，或是被他的自负打击一番吧。迎合自恋狂很难，但是你要记住，我们没有其他更好的选择了。

同时，如果你在和自恋狂打交道，一定要清楚，你们的关系随时有可能会恶化。你可以对他们表示关注或是认可他们的长处，但是一定要明白，这个人随时有可能为了自己的前途或成就而牺牲你。如果这个自恋狂很有魅力，那就更要当心！当然，你不必为此长期焦虑或疑神疑鬼，但提前意识到这种可能性有助于避免失望情绪，甚至保护你的某些工作成果。比如说，把文件发给自恋狂审核之前，当然，你也许有必要确认一下是否清楚地注明了自己的姓名，最好再抄送一下其他人，因为他有可能将你的工作成果据为己有。

不要因为自恋狂让你不悦就一时冲动。不择时机地与对方正面冲突可能会导致其听不进你的建议，甚至让对方在你有机会再次与其对峙之前对你横加指责。自恋狂听不进任何有可能会伤害其自尊的言论。对此，一个有效的手段是采取表扬—批评—表扬的"三明治"策略，并指出具体情况下的替代处理方式。比如说，"我很喜欢你今天早上做的展示，你经验丰富，我学到了很多。不过，我想说一点，如果你下次不要把某些同事称为'蠢货'，大家也许会学得更多。因为我觉得这样会伤害人们的感情，分散大家的注意力，让他们无法专心去听你展示中的那些重要信息。我可不想错过任何那些信息"。面对老板或同事时，采用这种方法可能会更有效。而且，使用这种方法必须非常谨慎。

一直以来，我们都认为自恋狂无法充分理解他人感受，但近期的研究表明，这种特质可能比我们以前认为的要容易改变（希珀，哈特和希德基德斯，2014 年）。虽然自恋狂一般不会主动考虑别人对他的看法，但经过提示，他们是有可能会考虑的。如果你想指出他的某种行为让人不快，仅仅说一句"你在员工会议上羞辱阿莱克斯太粗鲁了"是不够的。这样说的话，自恋狂只会觉得你在羞辱他，说他"太粗鲁了"！但是，表扬—批评—表扬的"三明治"策略有助于让自恋狂听到你的重点。因此，你可以这样说："你想想阿莱克斯听到你叫她蠢货是什么感受。要是有人叫你蠢货，你是什么感受？"自恋狂可能天生不具备换位思考的能力，但有证据表明，如果有人教他站在别人的角度考虑问题，这将会对自恋狂理解他人感受的能力产生影响。

另一种技巧是把自恋狂隐藏的情绪表达出来。我们都清楚，在自恋狂傲慢自大的外表下，隐藏着的是担心、不安和弱小。如果我们能让自恋狂认识到他没必要追求完美，或是对大型项目的难度表示理解，这会有很大帮助。关键是不要单独就他的表现发表评论或是让他有被低估的感觉。例如，我们可以这样说："马上就到时限了，我们现在都很紧张。我知道，我紧张得不知道该怎么做了。"这话可以理解为："嘿，你有点儿害怕也没关系，我们都一样，你不用太当回事儿。"这类话语或许能让自恋狂卸下一些防备。他们也许会长吁一口气，卸下自卫的盔甲，略作放松。反之，如果你说："你看起来压力很大。是不是担心做不好？"那就会被他解读为"羞辱！羞辱！羞辱！羞辱？"，这简直是灾难性的后果。

针对自恋狂的问题行为，办公室领导有时可以做出一些结构性干预，比如避免特殊对待、安排任务以帮助自恋狂的下属、奖励高效的团队合作。专注于自恋狂的强项，有助于加强人们对这些问题始作俑者的尊敬。自恋狂在销售或是咨询等涉及短期关系的职位上也许会表现较好，因为他们会不断地遇到新客户，但不需要维持长期关系。自恋狂可能会抱有宏伟的目标，而且常常可以通过其自信提升公司整体信心。如果自恋狂的职业在有限的时间内涉及许多"表演"的成分，让其凭借自信的外表在潜在购买者或客户眼中大放异彩，那他也许能在事业上取得很大成就。

面对拥有自恋狂的上级，人力资源部门或是法务部门可以采取更为结构化的干预，比如各种形式的治疗。短期的愤怒管理或行为管理可以教他们找到戏剧化行为的替代方案。自恋狂也可以在小组治疗中学习如何适当地与他人交往并因此受益。认知疗法可以通过直接专注于相关想法而纠正愤怒、行为和交往问题。严重的自恋型人格障碍通常需通过心理动力学（"谈话"）疗法进行治疗，教会患者改变其以优越感强化自尊的行为模式。我们很难说服自恋狂接受治疗。在某种意义上，如果我们告诉自恋狂他需要帮助，这对骄傲自大的自恋狂来说，无疑是致命一击。通过逃避治疗，他似乎就可以不用去审视自己的人格缺陷。在收到雇主的最后通牒时，自恋狂常常否认自己有问题，而且一般会把办公室里出现的问题归咎于同事（贾巴德，2007）。

若想说服自恋狂接受正式治疗，可以对其伪称治疗是为了帮助其实现领导目标或是处理抑郁情绪和生活中的不满情绪。自恋狂常常因为未能达到自己的理想状态而心情不佳，也许会对针对空虚感的治疗有兴趣。但是，最初建议其去接受治疗时，他们可能会害怕谈论自己的感情，担心自己会暴露或遭到指责。我们希望他们能接受并信任治疗。自恋狂经常会提前退出治疗，但是，从长远来看，自恋狂如果想要改善心境，就必须认识到，他们那些不惜一切强化自尊的行为常常事与愿违；因此，关键是要正视恐惧、坚持治疗。

在针对病理性自恋人格的长期治疗中，患者经常会与咨询师中断联系。由于咨询期间的联系中断和修复过程都发生在一个安全的环境里，患者会逐渐感觉到咨询师对自己的重视和理解，进而不再中断咨询。在某种意义上，造成问题的行为也是推进治疗的催化剂。咨询师常常需要给某位上周怒骂咨询师"混蛋"、冲出治疗室的患者打电话，邀请他这周继续接受治疗。治疗会持续一段时间，常常是很长一段时间，而且在某种程度上能纠正潜在的自尊缺陷。自恋狂会渐渐地感觉到别人对自己的认可，进而放下防备，先是在治疗室，然后是在外面的世界。

当问题行为发展到类似扔刀子这种极端程度，需要外界进行干预时，自恋狂的领导一定要立好规矩并严格执行。需要强行干预的极端行为往往是大发脾气或是违规行为，两者在工作场合都可能有潜在的危险性。通过立规矩对自恋狂进行干预时必须结合其自私自利的特性。一定要让他清楚地知道，如果他再出问题，就可能会损失金钱、权力或地位，而且表达一定要直白。举例来说，自恋狂的老板、法务部门或是人力资源部门必须清楚地告诉他，如果他不去接受治疗或是在工作中再次出现大发脾气的情形，他将被降级、换到条件较差的办公区域、失去收入或是失去他崇拜对象的尊重。如果这个方法不起作用，那你遇到的可能是"无可救药"式自恋狂，要设法让此人离开。

理查德的故事：第二部分

理查德的问题行为反复出现，甚至到了不安全的程度。因此，他的雇主要求其接受正式干预。由于自恋狂并不认为自己需要咨询，且经常斥之为毫无用处，很多时候，干预很难进行（贾巴德，2007）。

理查德所在餐厅的老板要求他"寻求帮助"。在我这里做过咨询后，我把他介绍到了一位认知咨询师那里。老板说，如果他不去接受治疗，就把他从行政主厨降为副主厨，薪水也会相应降低，而且，一旦他违反双方约定，他们就会开始招聘新主厨。他们还告诉理查德，他对餐厅功不可没，他们很想留住他。为了让他有动力参加治疗，他们还谈到餐厅将来的发展目标和构想。言语之间，老板暗示自己与其他餐厅互有联系，事情传开会对他的名声不利。老板还和厨房员工开了个会，要求大家反映理查德有哪些问题行为或者令他们感到威胁的行为。尽管理查德才华出众、工作出色，并给餐厅带来了很多生意，也就是说，尽管平时有很多问题，老板还是希望留下他。老板认识到，只有立好规矩并严格执行，才能使理查德和厨房团队有所改进。他们承认，是否促使理查德改变其行为可能会对其同事的工作效率、士气和是否离职的决定产生很大影响。也许最重要的是，扔刀子事件带来了很大的风险，老板觉得自己不得不采取措施了。

起初，理查德对治疗很抵触，在治疗时不大上心。但鉴于老板已经明确讲过的后果，他还是一次不落地参加了治疗。一开始，他认为治疗也许对有些人有效，但他当然不需要。他什么也不想讨论，他觉得自己之所以去参加治疗是因为老板误解了他，自己只是在耗时间而已。但是，他却抓住每次机会试图调戏女咨询师，直到咨询师终于忍无可忍地直接指出这个问题。咨询师问他，鉴于他的行为，为什么认为她会想要和他待在一起？他为什么愿意一周接一周地花钱，就为了来调戏她？他这么做有什么目的？

理查德说，反正他必须得来，又没什么好说的，而且她"很可爱……只是她居然会相信这些骗人的东西"。他想着等治疗结束，也许他们可以一起出去喝杯咖啡？咨询师借此机会重申了"咨询师—患者界限"的概念：他们只是一起工作，不是朋友，不是恋人，和咨询师的互动仅限于治疗室内的专业交流。咨询师还指出，理查德之所以会调戏咨询师，并不只是出于无聊或者为了显示自己的魅力。她提出了几种可能。当理查德企图让咨询师难堪时，实际上，是他想在治疗室内占据主动地位、让自己感觉强大；而实际上，他感到自己暴露无遗、非常尴尬？他是不是认为自己有必要在咨询师拿着放大镜观察他之前控制局势？咨询师分析了他在治疗室的这种互动模式，认为他这样是为了避免让咨询师剖析他的内心及可能存在的缺陷。她提出一种假设，认为理查德是害怕让自己处于难以防御的状态，希望自己居于掌控地位，从而阻止治疗转向对他潜在弱点的审视。因为，这会让他感觉很不舒服。

理查德在那次治疗过程中一直保持小心戒备、居高临下的态度，离开时就像泄了气的皮球一样沮丧不已。尽管他坚持认为咨询师说得并不对，她的那些话却不断折磨着他。他开始意识到，也许咨询师说得没错。在后来的治疗过程中，理查德的态度恭敬多了。当他不再试图引导治疗过程时，治疗终于开始有效。

在治疗过程中，理查德和咨询师仔细地回顾了每一次爆发事件。理查德最终终于意识到，他在人际交往中的做法不仅是失败的，也导致他不可能实现自己的目标。他们让理查德扮演自己的下属，做了很多练习。这让他开始有一点点认识到自己有多难相处。经过这个过程，再加上他意识到自己缺乏亲近的朋友。他发现，所有问题都源自自身。他意识到，是自己的行为导致厨房人员流动频繁，影响了餐厅的业务，也影响了自己在餐饮界的名声。在咨询师的帮助下，理查德开始审视自己，并认识到自己的行为给自己造成了很大的痛苦。最终，他开始鄙视自己过去的那些行为，为自己之前没有发现这点而尴尬，并开始更多地站在他人的角度看待问题。渐渐地，他的行为发生了很大的变化。他的自尊心变强了，并且，他认识到自己也可以和人们建立良好的人际关系，而不是像以前一样维持空洞、压抑的关系。他回到厨房，继续做着原来的工作。不仅他比以前开心了，他手下的员工们也比以前快乐了。老板知道餐厅的环境更加安全、员工工作效率更高，也更加满意了。

不管我们是在什么职位，我们都必须认识到，在工作中，如果我们能站在自恋狂的角度去看待他们，这将有助于改善其行为，并使整体环境更加适合每个人。如果我们能意识到某些行为的根源在于脆弱的自尊心，我们就能真正改变建立在此基础上的人际关系。自恋狂会发现，即使自己有缺陷，仍然有可能受人尊重。他们会发现，自己不需要隐藏潜在的弱点或是打压别人。当然，共情只是开始。你们在共事时可能常常会感到愤怒和不满，但值得了解的是，只要一点点真心的同情，不要有任何虚伪的粉饰，就能极大地帮助自恋狂接受自己以及自己与周围人群的关系。

与自恋狂相处的有效措施

· 表扬或赞美自恋狂，可以减轻自恋狂的被威胁感，减少其发怒的次数。

· 提出请求、要求改变或是做出批评时，采用表扬—批评—表扬的"三明治"策略。

· 对其请求或邀请快速做出回应，避免忽视对方。

· 尽可能不要让自恋狂有机会将你的工作成果据为己有，或是有机会诋毁你。

· 如果你需要向自恋狂指出其怪异行为，可以鼓励他考虑一下他人的观点，甚至是认识到自己的潜在情绪。

· 考虑实施结构性干预，例如鼓励团队合作而不是个人主义、分配任务时保证透明、避免特殊对待。

· 在极端情况下，可考虑要求其去咨询或治疗，但务必与人力资源部门或法务部门协作进行。

· 伪称干预是为了帮助自恋狂实现领导目标而非针对其缺陷，这或许有助于让自恋狂自愿接受治疗。

疯狂的内心世界——捕蝇草型人

谈及这类混乱制造者时，我经常让人们想想他们自己或朋友经历过的最刻骨铭心的一段恋情。双方在交往中可能会分分合合，疯狂地打电话，有人摔门而去，最极端的时候，可能会在求婚失败后以自杀相威胁。这些行为可能会让家人和朋友倒抽凉气。造成这种混乱局面的人就是捕蝇草型人（the Venus Flytrap），也就是我们常说的边缘性人格障碍，这类人就像小虫子会被捕蝇草分泌的蜜汁诱惑而来一样，我们也会被这类性格人群的甜蜜外表吸引，却看不到其外表下隐藏的危险或绝望。

在和这些人交往的早期阶段，对方也许会觉得这是此生遇到过的最激动人心的恋情。但到后来，他或许会用"不健康"或"令人气愤"来描述这段关系。对这段恋情的评价可能会在"最好"和"最差"之间摇摆不定。然而，这就是与捕蝇草型人相处的难点之一，他们会让你深陷其中、欲罢不能。

捕蝇草型人会发现你，然后吸引你。他认为你身上有他缺少的特质，他需要这些特质，或者至少是要靠近这些特质。他相信你能填补他的空虚、让他变得完整。他需要感情和爱护。但是，注意了！即使你表现出对他感兴趣，他也会做好你随时会离开的心理准备。他坚信你对他的兴趣不会持久，这让他很焦虑，他会不断地拒绝你，直到证明他的担心没错。他忧心忡忡，始终担心你会离他而去，而他的一切行动都是为了证明自己那种不安的感觉是正确的。在办公室里，所有这些行为也都可能发生，甚至可能并不涉及恋爱关系。

捕蝇草型人极富魅力，但是仅限于交往初期。他们可能会对你表现出很大的兴趣——嘿，谁不希望引人注目呢？不管你希望从这段关系中得到什么，友谊也好，恋情也好，值得信任的同事也罢，最初，你总能如愿以偿。这种感觉非常好，"很强烈"。这也许会是你在类似关系中最好的一段，你期待着对方会继续努力。

然而，你肯定会事与愿违。他会变得判若两人，也许会变回原来的样子，但却会不断地变来变去，直到最终，在这段关系中，起初那种美好浓烈的感觉不复存在，取而代之的是反复善变。你可能会像飞蛾扑火一般，在其转变后，抱着最后一线希望与其修复关系，直到你意识到他天性如此。你的期望落空了，对方的善变让你不知所措，你随时都要保持警惕。你盼望着他能回到初次见面时那种风趣十足、风度翩翩的样子，希望他能够支持你、对你表示出兴趣，希望他不要变来变去。然而捕蝇草型人不可能一成不变，他们的特点就是变化莫测，对他们来说，任何事情都可能发生。他们的身份认同很极端：时而觉得自己光芒万丈，时而觉得自己微不足道。他们为人风趣，但也令人心生恐惧；令人心神荡漾，但破坏力也很强。他们的身份认同和人际关系没有稳定可言。

有一位急诊室医生在将近二十年的婚姻中遇到了大麻烦。随着孩子们升入高中，他妻子的性格越来越古怪。她在当地一家油漆店兼职，给顾客提供房屋装饰方面的建议。在店里时，她常常悲叹，等孩子们都搬走以后，房子该多么空荡荡的。私下和丈夫聊天时，她指责丈夫背叛了自己，或是指责他等孩子们一走就会背叛她。在厨房里，她似乎总是会遇到各种小状况，没有严重到需要看医生的程度，但上班时身上总是带着各种奇怪的伤口和瘀青。同事们都担心她是不是出了什么问题，很多人怀疑她遭到了家暴。她借此更加频繁地悲叹丈夫对她有多么不珍惜。与此同时，这些伤口让她的丈夫想起她十几岁时曾经用剃刀划伤自己的胳膊和腿。她说过，她十几岁时感到万分迷惘和空虚，找不到方向，而划伤自己、看着自己的血会让她感觉平静，感觉自己还有生气。他一直觉得妻子有点戏剧化，但一想到她充满活力、魅力十足的样子，因为这些年来不断爆发的争吵而积累的怨气就会有所缓和。她为人风趣。他的朋友们都觉得她很"性感"，他一直为此自得。而且，她因为丈夫是能干的医生而倍感自豪。在她的内心深处，似乎是丈夫的人格力量在支撑着她。

但是，随着最小的孩子进入大学，她变得越发不可理喻。工作时，她脾气暴躁，经常与人争辩，身上满是油漆也不收拾。她会对着电话大吼大叫，在上班时间一声不响地离开办公室。在家里，她总是与丈夫争吵，不断地指责他。她总是要求他离开自己，然而当他忍无可忍走向大门时，她就会歇斯底里地抱住他的腿，啜泣着求他别走。然后她会道歉，声称自己"受了伤害"、需要他，而且一定会引诱他。之后，他们会经过一段平静的日子，直到她再次发作。问题是，现在她几乎每天都要发作，有时候，他不得不走出家门、睡在车里或是住在医院的值班室。而这时，她就会指责丈夫抛弃自己、憎恨自己、利用自己，却声称自己需要他、爱他。他被妻子搞得晕头转向。一想到妻子，他只感到沉重和可怕。他已经无法忍受这样的生活。他爱上的女人怎么会变成这样？

在经年累月的吵闹之后，他对妻子的爱意逐渐消退，最终只剩下憎恨。妻子知道他已经不爱自己了，这既是她预料中的，也是她一手造成的。她不顾一切地想要知道丈夫对自己是否还有一丝关心。所以，她不断地吵闹，因为，只要自己还能让丈夫生气，不管怎样，她就知道丈夫还对自己有感情。感情减淡也比没有感情来得好。随着他开始对她的激烈行为无动于衷，她想尽办法惹他生气。每当她为了证明丈夫不可能留在自己身边而做得过了头时，她就会对自己说，"没有他，我什么也不是"。她在工作中变得更加古怪，最终因为酗酒和辱骂向她求助的顾客而遭到解雇。

妻子的古怪行为最终达到顶峰，是在他一次外出购物时。他接到所在急诊室的电话，说是妻子在急诊室，眼眶破裂。可是，他上班的急诊室离家有四十五分钟的路程（他每天都要花这么多时间来上班），而他们住的镇上就有一家急诊室。她告诉丈夫急诊室的同事，说是丈夫打了她，还说他经常打自己，自己要躲开他才能保证安全。而实际上，她是非常镇定地从橱柜里拿了一个罐头，朝着自己的脸砸了下去——这是她后来出于某种奇怪的自豪感而承认的："他吓坏了，没想到我居然会为了他做出这种事……"

在妻子对他公开诽谤之后，他决定（在处理完所谓的殴打他人控诉后）离婚，经历了艰苦的法律诉讼和谈判。很多年后，他终于拿到了离婚裁定，感觉整个人都被掏空了。

捕蝇草型人的基本特点

在心理学中，我们把上面这种情况称为边缘型人格。"边缘"一词表示这种人格障碍介于神经官能症和精神病之间。从神经学角度来看，边缘型人格障碍患者一直处于焦虑和痛苦之中（弗洛伊德和神经学家的观点），而从心理学的角度来看，他们现实缺乏联系。患者无处不在的焦虑感是由于其无法确认自己与周围人群的关系。当他们发展到连自身身份都无法确认的极端程度时，就会造成惊人的破坏和冲突，几乎和精神病人一样，令旁观者难以理解。精神分析学家欧托·克恩伯格（Otto Kernberg）对这一型人格进行了非常全面的介绍，主要特点是身份认同不稳定，但尚未达到精神病程度（斯托恩，1993 年）。

但是，阿道夫·斯特恩（Adolf Stern）是 1938 年第一位使用"边缘型"这一表述的精神分析学家。遗憾的是，人们之所以要定义这类患者，部分原因是人们认为他们"很难通过任何精神治疗方法得到有效控制"（斯特恩，1938 年）。由于人们一直错误地认为这类人群无法好转，并使用"边缘型"一词来描述不受欢迎的病人（加芬克尔，1989 年），这种对边缘型人格的草率描述一直被沿用下来。但是，近期的研究表明，很多被诊断为边缘型人格障碍的人后来都有所改善，并过上了他们期望的生活（扎那里尼，弗兰肯伯格等，2003年）。对精神分析师来说，边缘型人格障碍患者非常棘手。对于在办公室里共事的人们来说，捕蝇草型人也一样难以应付。

玛莎·林内翰（Marsha Linehan）可能是近几年来研究边缘型人格障碍的精神健康专家中最具影响力的一位。2011年，她公开宣称自己深受边缘型人格障碍的困扰（凯里，2011年）。她认为，这种人格障碍的核心问题不是无法控制自己的情绪，而是他们更为敏感，强烈的情绪更多，从情感经历中恢复所需的时间更长（林内翰，1993年）。

简的故事：第一部分

简是一所大学英文系的英语教师。学校法务部门找我为她做咨询，是因为她在不达要求的情况下要求晋升……并为此敲诈一位终身教授。那位教授是她的上级，家有妻儿。简跟他上了床。根据我的了解，二人的感情可以说是相当热烈——多次外出奢华度假，在办公室时也常常秘密造访。最终，当激情褪去，简的上级在她和妻子之间选择了妻子。教授的这个决定导致两人上班的地方一片混乱：简开始依据在教授办公室里发现的只言片语发表文学评论，并要挟系里给她晋升和出书。就在他们来找我咨询之前，她本该去上课，却因在办公室里割腕而被急匆匆地送到了医院。

系里乱成了一锅粥，大家都为此惊诧不已。然而，这种混乱的局面不过是简在这所大学数年来不当行为的爆发而已。在大家看来，简是个反复无常、不负责任、自私自利的人。别人一不小心就会惹得她生气，随后她就会愤怒地挖苦他人。大家和她在一起总是感到不自在。就算在这件事之前，不管在哪里，她总能让场面变得十分戏剧化——她会很快地交到朋友，唯一目的就是为了在同事之间散播谣言、拐弯抹角地挖苦别人，离间大家。她还在教员会议时在室内抽烟。

身为顾问，我只是处于这场混乱的边缘，但我依然能感受到系里明显的焦虑和紧张气氛。谁也不知道该怎么办，或是该怎么处理她。但是，我认为她的行为与捕蝇草型性格有关，这样才能解释她一直以来反复无常的行为。

捕蝇草型人的人际关系往往热烈而充满波折，他们对人的评价常常是两个极端，要么将对方极端理想化，要么将对方贬得一无是处，甚至会对其表示厌恶、大发脾气。当他感觉对方可能会离开她时，他的情感就会变得非常强烈。他可能会通过夸张的行为来显示这些强烈的情绪。一般来说，他们往往行为冲动，而且常常是危险的，经常会威胁或实际伤害自身。他们经常会发怒，而且是无法控制地发怒。他们的心境变化很快，完全取决于当下的情况。但捕蝇草型人也会感到内心空虚、生活无聊，感到不满足。捕蝇草型人的自我认识是不稳定、扭曲而表面的。在压力极大的情况下，他们对现实世界的认识也经常会出现变化。

在上面的例子中，简把教授理想化了。她上研究生时就很钦慕教授，在他手下工作后更是满脑子都是教授。她为教授的文学观点着迷，并由此推断教授具有不可置信的人格魅力。她寻找一切机会和他说话，总是等在他的门边、询问教授对她学术研究的意见。她深情的注视、充满感情的表白和与生俱来的诱惑，令教授难以抗拒。很快，他们就陷入了疯狂的热恋。

起初，对彼此的激情以及简由衷的内心剖白令他们很快就亲密无间。简对教授万分崇拜，时时刻刻都想待在他身边。当他们需要分开时，简看起来备受煎熬，这让教授感到从未有过的强大。两人的结合令彼此都陶醉万分……直到教授为了参加一个学术会议而短期离开。

按照每年的传统，教授带着妻子和孩子去参加了这个会议。简气得不得了。她说不清楚究竟是哪点让她感觉更糟：是教授没带她而带家人去开会，还是教授要离开她整个星期。不管是哪个，她都觉得悲痛欲绝、异常气愤。教授出发之前，她就在工作时和他争执，在他的办公室里大吼大叫，以致系里的人们都开始怀疑两人的关系。教授想让她小声点儿，她反而变本加厉地要把事情"闹大"，因为她始终认为，教授这般对她，肯定是嫌弃她、觉得她丢人。

她还说，教授在文学界早已没了地位，说他迟暮之年、早已不复当初。她伤心地啜泣着，质问教授怎么能抛弃自己，质问他为什么自己比不上他的妻子。到这个时候，教授就知道自己有大麻烦了。

教授开会回来以后，简又回到了他身边，并为自己之前的行为道歉。在她的大力安抚下，教授重新投入了她的怀抱。教授虽然有一朝被蛇咬、十年怕井绳的感觉，但是，一切正常的时候，和简在一起的感觉是那么美妙，他很快就把自己的担心抛在了一边。然而，简却一再发作。渐渐地，教授对简变得既爱又怕。当简开始往他家里打电话、出现在他和妻子一同出席的宴会上，甚至有一次在宴会上与妻子攀谈时，他再也无法忍受了。显然，简已经越过了两人起初商定的界限，而他有可能会失去生活中的一切。教授开始看不上简了。他觉得，我怎么会这么蠢，给了她这么大的权力？

于是，教授决定结束两人的恋情。结果，事态一发不可收拾。简不顾一切地要毁掉教授的名声和家庭，为自己争取谈判的筹码。每当两人对峙时，简就会提醒教授他是自己的上级，是教授利用了自己这个初级教员。她爱过教授，但教授显然从未爱过她，那肯定是因为她太坏、丑陋不堪或是令人讨厌。他不能回到她身边、让一切都恢复如常吗？一次争吵过后，简在教授的办公室里划破了自己的手腕。

在简的身上，我们看到，为了避免被教授抛弃，简的行为相当激烈，但又自相矛盾。这是捕蝇草型人的典型表现。在教授尚未打算决裂之前，简就已经把那次学术会议之行视为两人关系即将走到尽头的信号。在她看来，教授之所以未带她去参加这次学术会议，肯定是由于自己太不好了。由于她把教授理想化了，在她看来，教授之所以会离开她，哪怕只是在参加一次学术会议时没有带她同行，唯一可能的原因就是自己配不上他。这种感觉让简对教授产生了憎恨的情绪。她对教授发脾气，导致两人的关系更加不稳定。对捕蝇草型人来说，这些行为就像一个轮回，他们和对方都很难逃脱。

在捕蝇草型人做出各种行为的同时，他们会不断问自己，我会得到爱吗？

这种爱会持续吗？他们会神经质地焦虑，迫切地希望弄清楚：我是谁？我是什么？我喜欢什么？我喜欢谁？在试图回答这些问题的过程中，他们会接近无视现实，变得反复无常、疑神疑鬼，或是像上面的案例中一样割腕。这种极端理想化和极度贬低并存的现象令人费解，但确是其行为的核心。当捕蝇草型人想要弄清楚自己是否值得被爱时，他们会想方设法地反抗并拒绝周围的人。他们觉得自己什么也不是，或者是认为自己其实很差劲，并抱着一线希望，但愿有人能填补其内心的极度空虚。这类型的人会单纯地害怕被遗弃，而为了避免遭到遗弃，他们会不顾一切。

捕蝇草型人是如何形成的

研究显示，大约 1%~2% 的人会出现上述行为，自认为无法获得满足感或是取得成功。在心理学中，这种现象被称为边缘型人格障碍。值得注意的是，研究也表明，在确诊为边缘型人格障碍的患者中，3/4 为女性。与性别分布不成比例的其他人格障碍一样，我们应注意可能导致此种比例分布不均的因素。例如，有可能是在某些社会文化中，女性会更多地表达情绪、从而被诊断为边缘型人格等人格障碍（齐罗尼克，罗斯柴尔德等，2002 年）。与此同时，有人认为各种形式的性别歧视，甚至包括性虐待，也可能会导致确诊为人格障碍的女性多于男性（林内翰，1993 年）。不过，若想理解这些错综复杂的因素，关键是要理解捕蝇草型人格是如何形成的。

人们为什么会发展成为捕蝇草型人格？最容易理解的视角是从父母教育方式入手考虑，但是，实际上往往并没有那么简单。一个儿童，也许是由于先天因素，习惯强烈的情绪表达，而他的成长环境没能对她给予帮助（林内翰，1993 年）。身边的人们反复无常，对他的感受不敏感，有时则会对孩子的感受反应过度或反应不足。玛莎·林内翰认为，在这样的环境里，儿童学到的是不能相信自己或是自己的情绪，因为针对他们感受的反应并不是始终如一的。当简说自己心情不好时，人们有时会给她糖果并抱一抱她，说她是"世界上最乖的小姑娘"，她应该"永远都不会感到难过"。而另外一些时候，妈妈会对她说，"你怎么会心情不好——别想了！"，然后丢下她接着打电话。

简的妈妈在养育她的过程中经常给她这种矛盾的信息。她小时候没有形成清晰的自我或对他人的认识。比如说，有时候，简的妈妈会说，"我出去一会儿"，然后去一趟商店就马上回来。有时候，她妈妈也许还是会说，"我出去一会儿"，然后出去再回来。但是，下一次她说"我出去一会儿"的时候，她走了3天才回来。简很奇怪，出了什么事？为什么？是我的问题吗？妈妈表扬过"可爱"的行为可能会突然之间变得"令人讨厌"。或者，在她更小的时候，刚开始她饿了的时候，一哭就会有奶瓶递过来，而后来却会被晾上几个钟头。儿童会担心，妈妈在没在这儿？她会回来吗？我是不是坏孩子？她爱我吗？长大以后，这些问题就会变成，老板需要我吗？同事们真的重视我的工作吗？同事关心我吗？我是不是让员工讨厌了？领导会不会来查我？因此，这种人在工作场合出现的看似愤怒和夸张的行为实际上是一个大孩子在试图搞清楚自己是谁、是否值得尊敬。

对捕蝇草型人来说，幼年时期的不安全感和不一致性会导致其长大后无法维持稳定的人际关系。担心自己是谁，担心自己是否被爱，这种感受很不舒服，因此，他们会强迫自己去思考所能预见的最坏结局，只为了快点了结以结束这种痛苦。如果他们担心自己不够好，认为对方不可能真心赏识他们——你对我的帮助是暂时的，你肯教我只不过是因为你在等着找到更好的员工——他们就觉得有必要考验对方的感情是否真实。不确定性会令其极为痛苦、无法忍受。

在简小的时候，没人教她如何管理情绪。当感到强烈的情绪时，她不知道如何控制自己的不当行为。她妈妈没有教过她如何有条理、系统地实现目标，以免过于依赖情绪。她小时候没有学过如何让自己平静和镇定，不知道如何面对各种情绪而不把事情搞得一团糟。强烈的情绪主导着她的行为和人际关系（林内翰，1993）。

在确诊为边缘型人格障碍的患者中，75% 的人涉及的另一成因是性虐待或性创伤史（林内翰，1993 年）。这些经历会导致人们更加不信任自己及自己的情绪，或是身边的人。除了罪恶感和羞耻感，还会导致人们对爱和正面情绪及其感受方式困惑不明（林内翰，1993 年）。这样一来，这些被侵犯的经历就会导致情绪调节和人际关系方面的问题长久存在。

当然，我们不建议在工作场合询问他人有关性虐待史的问题。大多数情况下，如果不是在医生或咨询师诊室这类具有保密性、重要动机和适当支持的地方，询问他人的私密性史都不甚妥当。而且，即使有雇员表现类似捕蝇草型人，也不能想当然地认为其有性创伤史。

不同类型的捕蝇草型人

与自恋狂一样，工作场合的捕蝇草型人也表现为不同的类型。神经官能症和精神病之间的中间地带非常广阔。有的捕蝇草型人会持续出现严重问题，而有的只是在某些特定情形下会显示出一些捕蝇草型人的特质。

即使是在精神科医生确诊为边缘型人格障碍的人中，我们也会看到不同程度的障碍类型。最严重的患者长期与无力感对抗，无法控制危险驾驶、无保护性行为或药物滥用等行为，出现自伤和自杀尝试的风险越来越大。在精神科急诊室或是住院部可能会看到这样的人。他们与现实割裂的程度可能更为严重，会出现妄想或解离症状，从而更易受到伤害。捕蝇草型人可能会出现短暂的幻觉，有灵魂出窍的感觉，感到自己的身体被严重扭曲，感到别人在谈论自己，或是有其他类似精神病的体验（美国精神病学会，2013 年）。但是，他们常常是在感觉将要遭遇遗弃时才会有这些体验，而且往往只会持续几分钟。并且，如果有人竭力对其加以安慰，他们一般都会恢复正常。相比之下，其他精神障碍患者（如精神分裂症患者）的上述体验有可能会持续较长时间且持续出现。

有一些捕蝇草型人能维持一定程度的稳定性，只有在遇到无法忍受的压力时才会出现一些捕蝇草型人特有的行为。其他时候，他们也许能正常工作，与办公室内外的人相处融洽。深层的问题（害怕独处、紧张的人际关系等）可能会一直潜伏，不被人察觉。但是，没有严重刺激的话，捕蝇草型人的行为或许可以保持在受控状态。不过，即使没有出现严重问题，这些人在办公室里也会让人感觉难以相处，他们的同事会抱怨和其打交道必须"战战兢兢"、以免引起激烈的情绪反应。主要问题在于如何处理与这些人的关系。这些人是否敏感，以及同事是否需要战战兢兢，完全取决于他们对别人对待其方式的感受。他们可能显得缺乏自信，经常生气或是喜好与人争辩，但实际上常有被周围人背叛或粗暴对待的感觉。

很多老板（和配偶）会诧异自己怎么会雇了（或是嫁／娶了）一个随时会爆发的人。我们都有感到压力的时候，但每个人都会以不同的方式来应对压力。当捕蝇草型人无法应对其压力时，整个办公室都有可能会翻天覆地。

因此，确定捕蝇草型人在中间地带的位置（即其边缘型人格障碍的严重程度）有助于判断其在面临压力时造成的破坏程度。程度较轻的捕蝇草型人在工作场合一般表现正常，但遇到较大压力时会勃然大怒或举止失常。这样的人一般会被送到我这里来做咨询。实际上，我发现这些人有一个共同点：在某些情况下，他们会显得很出色，而在面对某些压力时则显然无法自控。他们无法控制自己的情绪，会提高嗓门、辱骂他人、乱扔东西，甚至自伤或伤害同事，从而引起问题。在这种情况下，办公室捕蝇草型人的表现就和本章开头描述的普通捕蝇草型人差不多了。人们其实很重视他，也许还是相当重视，但鉴于他间歇性的失控行为，身边的人不得不小心翼翼地避免触怒他，因此会让大家越来越感到不适。

程度更重的捕蝇草型人可能会逐渐影响办公室里每个人的情绪，并最终影响大家的工作效率。他总是装腔作势、试图吸引大家的注意力。起初，大家可能还会觉得有趣，甚至被其吸引，但后来就会发觉他的这些行为会令大家分神，浪费时间，而且常常感到气愤。同事们不断分出时间和精力来"照顾"愤怒的捕蝇草型人。由于捕蝇草型人长期出现这些行为，他会逐渐与同事产生隔阂，因此，其职业生涯会充满波折、极不稳定。

在行为和功能程度各异的捕蝇草型人中，有两种类型经常会出现在办公场所以及我的诊室。那就是捕蝇草型人的两种亚型：焦躁亚型（the Edgy Flytrap）和低落亚型（the Downer Flytrap）。

焦躁亚型

在办公室里，有一类捕蝇草型人似乎时刻处于焦躁、警惕的状态（四处观望，思考着，谁会先骗谁？）。他们随时都在寻找对手、准备投入战斗。这就是焦躁亚型的捕蝇草型人。在竞争性的工作环境里，他们会如鱼得水，毫不留情地击败对手。这种类型的人可能外表非常精明强干，但会突然出现问题。比如说，如果没有得到晋升，他肯定会把这事怪在某人身上，或是对获得晋升的人冷眼相待。在这些情况下，他总觉得自己是受害者，感到愤怒、受伤、委屈，同时，这又导致他们认为自己很"糟糕"。他可能会对获得晋升的同事明褒实贬，甚至对其展开赤裸裸的人身攻击。倍感压力时，他们可能会散布恶毒的流言，或是在办公室里上演令人不适的夸张场景。旁人尽量不去注视他，而他则会一边小声咒骂、一边踱来踱去，随时都可能爆发。"等着瞧吧！等你们遇到这种事，你们就不觉得好玩了！我到这儿5年了，要是因为某个自以为是的蠢货就发生这种事，我就真是见了鬼了！你们要是看不出来，就都太不敏感了！"

他得知道谁会支持自己，谁会帮助自己，以及谁真正需要他。和别人沟通时，他可能会显得有点过分：他会不停地打电话、发邮件、发信息。"你说过会在时限前联系我的。你在哪儿呢？"5分钟后："你不是开玩笑吧？还有工作要做呢！"再过5分钟："好吧。我看，你要是连产品都做不好，我连自己的部分也没法做了。再见！"如果对方未能及时答复或没有答复，他就会大发雷霆，想着，他们去哪了？他在干吗？他根本都不在乎！他甚至可能会要求别人帮忙联系令其感到委屈的人，数落他们的所作所为。"你真该听听他是怎么对我的。这太不公平了。我真的需要你站出来，告诉他这样做根本不对。不然，我就会觉得你是站在他那边。"捕蝇草型人在人际交往初期往往显得颇具魅力，能吸引人，令人信服，从而能建立起人际关系网。焦躁亚型的捕蝇草型人也许会备受其崇拜者的爱戴，而其他人却避之唯恐不及。即使他在某个组织里能发挥作用，但当他转投其他事业时，人们往往也会有松一口气的感觉。如果对这类人的行为不加制约，他们可能会变本加厉，损坏办公室财物，甚至袭击他人。如果出现这种情形，捕蝇草型人的行为也常常显得他们自己才是受害者，比如在办公室的门上喷"你伤害了我"，或是推搡别人、却自己摔倒在地。这些行为就不仅仅是装腔作势，而是令人恐惧甚至危险了。

低落亚型

另一种捕蝇草型人是低落亚型的。他们对任何事情都抱着一种"杯子半满"的态度，对其认为会发生的遗弃极度敏感，让别人感觉有责任帮他控制痛苦。在内心深处，他们觉得自己毫无价值，感到愤怒和不被人理解，不断地向别人诉说自己的孤独。同事可能开始时会想方设法地包容他们，希望他们能振作起来，听其讲述自己在家里的麻烦事或是慢性病。如果别人尝试帮忙，常常会以失败告终，甚至可能把局面搞得更糟。他可能会拒绝别人的帮助，连试都不试，却又生闷气，责怪别人不帮自己。他可能会说："你请我来是因为可怜我！你根本就不在意我……如果你真的留心过，你就该知道，我根本不喜欢看电影。"他可能会逃避那些想帮他的人，甚至可能上班迟到或干脆翘班。这种类型的人似乎不怕惩罚，而且可能会表现出一副自己理应感到痛苦的样子。"没关系，别担心我。反正也没希望了。你应该开心点儿，人们好像真的喜欢你。"午饭时间大家都坐在休息室时，他可能会一直独坐一旁，却抱怨没人和自己说话，说这样不公平。他的悲观情绪会随着生活中压力源的起伏而愈演愈烈，继而出现功能障碍。最极端的情况下，他可能会威胁自伤甚至实施自伤。整个办公室的人都会尖叫着停下手里的工作，争相确保他的安全。"我为什么要去尝试？如果没人在乎我，我不如自杀好了。反正你们也不会想我。"但是，很多时候，同事们只是被他的低落情绪所带来的负面影响绑架了。

职场中的捕蝇草型人

研究表明，至少与（在办公室已出现问题的）抑郁人群相比，患有边缘型人格障碍的人们会在办公场所造成更大的破坏（斯科德尔，冈德森等，2002年）。实际上，糟糕的工作经历是精神病学家约翰·冈德森（John Gunderson）提出的边缘型人格障碍六个描述性标准之一（其余五个是易冲动、社会接触不足、受损时心境低落、短暂的精神病性症状、自杀姿态）（斯托恩，1993年）。

捕蝇草型人可能很难维持稳定的工作，但也可能相当稳定，这取决于具体的工作职位和工作环境。我自己就在职场见过身居高位的捕蝇草型人，但也见过很多无法维持稳定工作的捕蝇草型人，因为他们总是会造成一片混乱。记住，捕蝇草型人最基本的问题在于无法在人际交往中控制情绪。在思考这类人在办公室里可能造成的破坏时，我们要意识到，工作场所是存在于雇佣关系网内的。捕蝇草型人不仅会与同事产生关系，同时也会与公司产生关系。他不仅会为邻桌的奈德是否想要他、需要他、在意他而苦恼，也会为绿蛋食品公司是否想要他、需要他、在意他而焦虑。在职场中，捕蝇草型人带来的问题在于，他们不仅会影响自己的工作效率，还会在周围人群中形成一种有害的氛围。

归根结底，关键在于人际关系。我们举一个简单的有关表扬的例子。"嘿，妮娜，那个答复起草得不错。"当老板夸奖捕蝇草型人的工作时，他可能会觉得，好吧，他说他喜欢。可是，他是真的喜欢吗？他工作的目的与其说是为了工作本身，倒不如说是为了取悦老板。老板的表扬预示着对成功的期待，这让捕蝇草型人感到紧张，他会担心自己达不到老板的要求。他极力想要搞清楚自己的位置以及双方的关系能维持多久。他也许会在办公室里散播一些无耻的谣言，大量占用他的时间，或是越发不守规矩，只为了看看别人是否仍然需要他。如果他发现同事已经开始失去耐心，他也许会紧张万分、恢复正常并尽力让对方感觉离不开自己。"你会和我一起玩这个没有尽头的猫鼠游戏吗？还是会丢下我？我从一开始就知道会这样。"

捕蝇草型人的生活特点是不稳定的人际关系、不稳定的自我形象和冲动行为。他可能会在老板不在时号啕大哭，可能会毫无节制地花钱，不顾后果地吸毒、与人斗殴或大吼大叫，情绪会在愤怒和开心之间突然转变。他可能每天都会在你的桌旁坐上几个小时，抱怨老板、恋人、父母或是其他人对他的不公待遇，诉说自己因不公待遇而感到低落的心情。如果你想开始工作，他就会发泄在你身上。他还会向你倾诉他有自杀或是自伤的想法，让你感觉自己有责任确定他能否安然度过今晚。

听起来熟悉吗？如果你感觉某人可能是捕蝇草型人，停下来，想一想你对这个人的反应，因为这可能表示你判断准确。你对这个人会有强烈的内心反应吗？你会特别期待或者特别害怕与这个人交往——或者是两者兼而有之吗？他会促使你去往本来不会去的方向吗？你有同时被吸引和被拒绝的感觉吗？你们的关系是否比你的其他人际关系更强烈？你是否从未想过自己会像现在这般费尽心思？

如果你在职场与人交往时发现对方常常表现出愤怒、敌意或进攻性，那对方就有可能是捕蝇草型人（林内翰，1993 年）。但是，与捕蝇草型人顺利交往的关键是共情并理解其行为基础。一定要记住，在捕蝇草型人的反常行为背后，他们可能会感到害怕、绝望，看不到希望，有失控的感觉（冈德森，2009 年）。我说的共情和理解不是让你去忍受其危险行为。但是，与捕蝇草型人共事，关键是要认识到，他们极度敏感和脆弱（林内翰，1993 年）。他们的一切行为，包括发疯一样打电话和割伤自己，都是为了减轻自己感受到的痛苦、让人们在乎他们。要理解这种看似矛盾的行为，并学习帮助他们的正确方式，你才能采取那些难以实施、甚至是有违直觉的措施来制约捕蝇草型人并减轻其焦虑。

如何与捕蝇草型人相处

我在医学院第一次到精神科轮转时，看到给我督导的住院医向一位全然陌生的患者介绍自己。几分钟后，他就问了一些非常私人且无礼的问题："你有自杀倾向吗？""你幻听吗？"我当时想，他怎么能这样？我们受到的教育是在社交中要避免这种粗鲁的行为。我们总是被告知要注意礼貌和礼仪。他的提问和所谓礼貌一点儿都不沾边，着实令我吓了一跳。然而，患者却似乎松了一口气，针对两个问题都回答"是的"，然后跟我们讲述了自己苦恼的原因。他到医院是来求助的，他希望有人能分担他的痛苦。我从早期职业生涯听到的这段对话中受益匪浅，并在后来的职场咨询中遵循了这种经验。

当你一次又一次运用与捕蝇草型人交往的有效技巧时，你可能会想，真的需要这样吗？可是听起来像是永远都不会见效！但你一定要有信心，这些有违直觉的技巧中有一些是能真正起效的。

虽然捕蝇草型人经常会不由自主地表现很差，其实他们很希望有人能引导其克制自己的行为。他们希望学着为自己的行为设置可接受的界限，并且，虽然他们会测验这些界限是否真实存在，保持界限的一致性能对他们起到安抚作用。因此，你需要设置清晰的界限并不断加固。记住，捕蝇草型人很难控制自己的情绪和人际关系，因此，你也许需要强制其接受帮助。

我们要避免再现捕蝇草型人儿时的环境。也就是说，不能简单地告诉捕蝇草型人不要有某种感觉或是他不可能有某种感觉。"你在办公室里怎么会难受——这太可笑了！"这会让他想起小时候别人说的"你不能想要什么就哭；你真是个可笑的捣蛋鬼"而难过。相反，如果你指出捕蝇草型人肯定是感到气愤或害怕了，这会有助于减轻他对当前状况的内疚感或羞耻感，避免他为了让你理解他的真实感受而做出更加不可接受的行为。"我知道这让你很难受，但我想我们都希望快点完成这个任务，所以，我们还是专心做吧。你说呢？"

捕蝇草型人的自我形象认识经常会发生剧烈的变化，这是由于他们常常认为自己必须把事情做得非常完美，否则就会感觉自己很没用。如果能让捕蝇草型人认识到错误只不过是需要改善的地方，这会对其很有帮助。例如，当你需要指出其报告中的错误时，这样说也许会有帮助："总的来看，这个文件有一些需要改进的地方，但其他部分切中要害。如果你想先确定第三自然段的数字，让我看看你的进展，我们可以从那儿开始。"通过向其说明具体的改进步骤，可以避免捕蝇草型人完全否定自己的工作成果或否定自己，从而避免其进入危机模式。

如果他们在工作中出现影响不大的问题行为，可以考虑把他们带离原地、详细分析前因后果，这种技巧称为"链条分析"（林内翰，1993 年）。在与其谈话时要明确地说明具体是哪些行为存在问题。随后，你就可以共同一步一步地分析导致此行为的一系列事件及其后果和解决方案，以及如何防止类似行为再次发生。对话要坦诚，但不要抨击对方，双方要就每一步达成一致并做好书面记录以供后续参考。此外，还可以列举特定行为的益处和弊端。要求对方把所有讨论都写下来，可用作以后参考。

我们举例说明一下。当对方在工作场合出现恼人行为时，可以这么和对方说："艾伦，我知道昨天很不顺，我想给将来做个计划，以免再像昨天那样。你觉得怎么样？"对方有可能会接受你的提议。如果一开始不起作用，树立一个目标也许会有帮助，比如说完成项目或是在工作中减少压力。"那我们集中讨论一下昨天的事儿。关于你的行为，你希望将来避免类似行为吗？……把桌子上的东西都扔掉？好吧，我们就从这儿开始。昨天上班时你为什么会那样？我们写下来。"当一系列事件整理明晰后，他就能描述是什么原因导致他出现自己也认为具有破坏性的行为。"你认为具体是什么因素导致你昨天工作时突然崩溃呢？"交谈时要主要讨论工作场所或家里的可变因素（例如办公室温度或是座椅不舒服，睡眠不足或是没吃午饭）。不要分析临床原因。对话时要集中讨论其行为在工作场所导致的后果，目的在于找到员工可付诸实施的解决方案，或是雇主能对工作环境做出的改变。采用团队合作的方法会尤为有效。可以为员工提供一些帮助，但也要赋予其做出改变的责任。

如果捕蝇草型人感觉受到指责、感到丢脸或是内疚，就会做出激烈的反应。当你试图纠正捕蝇草型人在工作中的不当行为时，一定要对其表示宽容和理解。不要指责他，可以考虑说："理解你为什么会这么苦恼，因为同事都出差了。"在对他的行为表示理解的同时，也要要求他做出改变："但是，我觉得在那种情况下，你可以找到更好的办法来寻求帮助。"一定要让他们感觉自己能胜任工作和掌控局面。关键是要明确地审视相关行为，既要表示理解，也要要求其做出改变。"你发邮件指责大家都不在办公室，这就导致你不太可能得到帮助。如果你指出办公室里只有你一个人，希望大家帮你赶在时限前完成工作，效果会更好。"

在捕蝇草型人情绪激动，大吼大叫、乱扔东西时，如果能引导他们去做一些别的事情，也会有所帮助（林内翰，1993 年）。在上班的地方为员工提供休息放松场所，这对任何人都很有帮助。比如，可以在办公室精心布置一间舒适的休息室，发放减压球，或是允许员工有需要时戴着耳机听音乐。鼓励员工定期锻炼、做瑜伽或是冥想会给员工带来很多益处，捕蝇草型人也会从中受益。这些活动对身体健康和精神健康都很有益处，因此，现在很多公司都以保险计划的形式鼓励员工进行这类活动。比如，公司可以出资设立月度保险基金，奖励定期锻炼的员工，针对员工应对压力的策略进行问卷调查，或是通过压力管理帮助员工减轻压力。

但是，所有这些方法是否见效都有赖于相关人员是否有改变的意愿。作为领导，可以开诚布公地与出现问题的雇员谈话，询问其是否确实想从事这项工作。不要猜测。一旦双方达成一致、形成团队并朝着同一个目标努力后，就可以在双方认可的计划中包括某些规定，比如明确约定，如果对方出现会影响其（或同事）工作能力的特定行为，会有什么样的后果。对捕蝇草型人来说，一定要明确约定违反协议的后果。例如，可以明确约定，一旦违反协议，对方就必须离开公司，而不只是换个部门。如果捕蝇草型人真正（以其特有的混乱方式）在意与公司的关系，这种技巧就可能发挥作用。关键是要约定好界限及越界的相应后果，并且在与对方谈论其价值时要秉持中立和鼓励的立场。

在与这类人共事的过程中，一定要注意寻找他们在感情上依恋的对象并发挥其效力，这一对象可能是老板、客户，或是公司。与他们共事很有难度，所以在为其设置必要的界限时要有勇气和智慧。一定要有人向其表示，"你这样我们没法工作。你不能这样，不然……"，并发挥自己的影响力。对其问题行为要实行零容忍，但在具体实施干预时要有同理心。另外很重要的一点是要及时奖励捕蝇草型人的正面行为。立即做出正面反馈，尤其是针对捕蝇草型人的个人目标和价值观，这对维持其正面行为有很大的帮助（林内翰，1993 年）。例如，对捕蝇草型人来说，最有效的反馈方式可能是，"看起来我们之前制订的计划确实效果很好，你和大家相处不错"，而不是像针对其他员工一样直接点评其工作成果。如果捕蝇草型人在违反规定后未受到相应的惩罚，或是针对其有效行为未得到积极反馈，他们必定会出现令人难以接受的行为。

明确行为界限，保持条理性，这似乎与公司管理方面的追求一致，但也可以用于管理同事之间的关系。有一种办法是与捕蝇草型人保持稳定可靠的定期联系，但要表明绝对不能超过此限度。在周二下午设置茶歇时间有助于大大降低之后几天出现激烈的不当行为的概率。"保罗，我知道你为什么苦恼。但是我现在得接着工作。不如你出去走走，我们明天下午一起边喝咖啡边聊这事怎么样？"这也许会显得有点无礼，但是这种处理方式的确能对捕蝇草型人起到很大帮助，而且其自身也会认为很有帮助。不过，这一技巧若想发挥作用，你就必须在约好的时间准时出现，在对方心中建立可靠的形象。

和捕蝇草型人交往时，语言越明确、态度越一致就越好。起初可以考虑每周安排一次时长固定的定期督导，帮助捕蝇草型人管理预期。由于时间安排比较固定，他对老板会从自己生活中消失的恐惧感会日益减轻。他会担心自己见不到同事时会从他们的记忆中"消失"，因此，他可能会尝试联系同事，有时会频繁地联系。在这种情形下，要与其约定允许联系的次数，以免界限变得模糊。与捕蝇草型人共事的关键是保持条理性和一致性、条理性和一致性、条理性和一致性（重要的事情说三遍）。

显而易见的是，生活总会有意外。谁也无法保证自己能永远如期抵达办公室或是按时等在电话边。随着时间的推移，如果捕蝇草型人已经对你建立起信任感和预期模式，出现干扰对他们来说是有好处的。当同事因病无法按时抵达时，捕蝇草型人会产生恐惧和失望情绪。但渐渐地，他们可能就会认识到，这是任何人在生活中都会遇到的合理现象，并意识到谁都可能出现失误。

简的故事：第二部分

教授还能怎么办呢？嗯，当然，他并不是非得和简上床。他大可对简填补自己感情空白的大肆恭维充耳不闻。或者，他可以直接纠正简的行为。人为什么会屈服于诱惑，这个问题往往很复杂。为了避免不适，比起因为肿瘤切除手术而焦虑、痛苦，简单地用纱布盖起来似乎要容易得多。就拿教授来说，与其说他是因为院长拒绝为他所在院系拨款而沮丧，倒不如说他是想寻求刺激、分散注意力。这样他就不用面对任何质疑，不用为日渐缩水的资源和日益下降的工作质量发愁，或是为了换工作而举家搬迁。是吧？或许他也这么想过……

当简开始越来越多地占用教授时间时，他本可以同简约定，每周只能找自己一次，比如说每周给她一个小时的时间。如果简举止轻浮、试图引诱他，他可以直接指出并明确说明自己认为这样不合适，会对彼此的工作关系和部门工作效率产生负面影响。在不涉及性诱惑或其他形式诱惑的情况下，人们会更容易做出这样的决定。但捕蝇草型人有一种天赋，总是能找到对他"言听计从"的人并利用对方获益。

如果简不能遵守与教授每周见一次面的约定，总是未经预约就随时造访，或是频繁地发邮件、打电话给教授，教授可以在双方见面时指出这个问题。要让简意识到两人联系过于频繁，并帮助她变得更为独立。他也可以提出由中级教员代他与简合作。不管设置什么样的界限，都必须清楚明确。而为了使两人的关系不致中断，简或许会接受这样的安排。

有时，保持工作关系是你在与捕蝇草型人打交道时唯一能利用的武器。既然他们不会调整自己的紧张程度，你们的交往是否顺利就取决于你是否能界定和限制彼此的关系了。他往往会高估你、他的工作、同事或是任何在他看来重要的事物，这在你们交往的最初可能会产生很大影响，使你们看不清重点。如果能对捕蝇草型人的反应强烈程度加以制约，或许可以避免或是减缓他们贬低原本崇拜对象这种几乎一定会发生的"变脸"现象。因此，在与捕蝇草型人的交往中设定明确的界限，或是在其工作中为其赋予清晰的角色定位和期望，则这种人际关系和工作有望得到维持。但是，若想真正取得进展，则需同时安排其接受咨询师的治疗，并用数年时间帮其学习健康的界限，让他们学会接纳自己、保持稳定。这样，捕蝇草型人才能建立稳定的自身形象和人际关系。

有一次，我收到一位转诊的患者，是一位很有才华的设计师，在一家大型服装公司工作。她胳膊上经常有各种各样的伤口，有时上班时会崩开并流血。这让她的同事们感到非常不适。这样的事有过一两次之后，很明显，大家知道那些伤口是她自己划出来的。尽管她拒绝直接谈论这些伤口，有时候她会模糊地提到自己的行为："哦，至少我知道，今晚我在家会感觉好多了，带走一些痛苦……"第二天，她会带着新的伤口出现在公司。同事们担心她会自杀，又不知道该如何处理那些暴露的伤口。他们也担心如果有血流到公用场所会有传播疾病的可能（有时候捕蝇草型人割伤自己是为了让自己感觉好受一点，而不是企图自杀）。

刚开始时，她会带着刀片来参加治疗，还企图当着我的面割伤自己。这种行为绝对不能接受。因此，我不得不做了一条硬性规定，不允许再发生这样的事。要求是她不能当着我的面割伤自己。如有违反，我们就会立即中止治疗。我也建议她所在办公室实行类似规定：如果有新伤口，她就不能出现在公司，而必须占用自己有限的病假。

显然，工作对她来说非常重要。她老板和人事主管第一次和她说明如果想继续在这家公司工作就必须接受治疗的时候，这点就已经很清楚了。她遵守了我们从一开始设定的严明界限，但还是不明白为何自己的行为会令我和她周围的其他人感到不适。对她来说，自伤是生活的一部分。治疗过程中，她有时候会很焦虑，为什么不能割一下算了？辛苦工作一天之后，人们让她感觉自己非常糟糕，为什么不能割一下自己？经过学习，她逐渐开始认识到自身行为对其他人以及自身关系和目标的负面影响。最终，她找到了健康而更有效的方式来减轻焦虑。

这就是这位设计师的故事。但是，简和教授怎么样了呢？

简在上班时激烈爆发的新闻传遍了整所大学。学术圈很小，因此，有关教授恋情、违规行为及其与简不当学术行为的流言很快就传遍了全国。他的名声一败涂地。

学校建议教授换个工作，但他对所有向其提出此建议的人说，他有终身教职，他是不会走的。然而，此后，他被边缘化了，系里的所有事务都把他排除在外。

妻子很快离开了他。看起来，她做出这个决定并不是很难，因为她已经不开心很久了，这在关系不好的夫妻中很常见。反而是他的孩子感觉自己受到了背叛，气愤不已。很多年以后，他们的关系才有所缓和。教授搬到了学校附近的一间公寓里，尽量专注于自己的工作。

简一开始气势汹汹。她宣称是这所大学导致她被教授利用和操纵，毁了她在事业上有所建树的机会。每次系主任想要和她沟通时，她都会尖声叫着，大发脾气。在法务部门的帮助下，我建议系主任把简调到系里其他科室，并建议主任为教授的不当行为向简道歉。同时，我也建议主任提醒简，她是个成年人，要为自己的选择负责。在不需考虑教授的情况下，她不再威胁提起诉讼，毕竟现在教授在专业上已经帮不了简了，也不再魅力十足。

在恢复工作秩序的过程中，学校给简安排了一位指导老师，也是一位德高望重的教授（这是为了防止简抱怨自己事业受阻而特意做出的安排），但他品行端正，不管简如何装腔作势，他都没有表现出任何兴趣。我和系主任确认他们把一切都说和简得非常清楚、有条理。这位教授会把该给简的东西交给她，仅此而已。他对简的态度与其他学生无异。如果简希望在工作相关的事情上获得更多关注，老师就会要求她去找比她资深的人。她百般尝试也没有攻破这位教授的防御。起初，她总是诉说她"努力从那次事件中走出来"，希望博取同情，后来终于打出了"魅力"这张牌："哇！我以为我已经见过咱们这领域里最优秀的人了，你可真是让我眼界大开。你太了不起了！"但是，没门。新教授总是彬彬有礼地回应她在学术方面的需要，但仅此而已。不会有"特殊关系"了。

你猜怎么着？她做得非常好。简是个聪明的女性，她不需要借助他人就能成功。她学会了从工作中的正面反馈汲取良性反馈！当工作场所的一切都是严格按照规则执行时，她无法谋得任何特殊待遇，于是她不再戏剧化地表演，而是开始追逐自己起初进入大学时的理想，并崭露头角。她到新部门之前就已名声在外。简周围的人很快明白和她相处的正确方式是在尊重她的同时维持明确的界限。因此，她这回再想演戏时，没有人上当。最终，她也就不再尝试了。

我并不是说简的问题行为就此彻底终止了。当然，我也不是说办公室外也不存在问题了。她的私生活还是一团糟，少有的几个朋友也因为她总是变来变去而逐渐失去了耐心。但是，系里成功为她打造出了一个完美的沙盘，而简自己也学会了当一个模范市民。

与捕蝇草型人相处的有效措施

- 不断地明确说明事情，并强化界限。
- 认可其情绪并导向其他事务，不要不加说明就进行限制。
- 做"链条分析"训练，帮助捕蝇草型人学习如何根据情境调整情绪和行为。
- 在捕蝇草型人情绪爆发高峰期，引导其从事其他活动，分散其注意力，防止负面情绪积累。
- 对问题行为表示理解，但要采取零容忍的干预措施，并对良好行为及时给予正面反馈。
- 对其行为改善表示认可。
- 记住，与捕蝇草型人共事的关键是保持条理性和一致性。
- 尽力避免被卷入捕蝇草型人的激烈情绪中。

看不透的身边人——双面骗徒

说到"双面骗徒"（Swindlers），我们指的是那些无视规则、目无他人的人。我在监狱精神病科轮转时遇到的一个家伙就是一个彻头彻尾的犯罪分子。这是一个上了年纪的犯人，患有阿尔茨海默病，几乎无法自理。他什么也记不住，有时连自己在哪儿都搞不清楚，吃饭也常常需要人帮忙，否则吃的会顺着他的下巴淌下来，还穿着成人纸尿裤。

但是，即使是在几乎与外界隔绝的情况下，他仍然精心策划了一个完整的香烟交易和赌牌圈子，仿佛他生命的意义就在于违规牟利。他有一个复杂的物品交换系统，清楚地知道跟谁可以换到什么东西。尽管他脑力上已经跟不上了，他还是很擅长说服和摆布别人，他找了监狱里一个行动便捷的人充当自己的"手下"，帮自己料理业务。尽管他几乎无法自理，却还是表现出一种令人恐惧的能力，知道自己需要什么以及从谁那里可以得到。

双面骗徒的基本特点

学者最初对此类目无法纪之徒的思考大多与自由意志和自责有关（阿里戈和西普里，2001 年）。其他问题则关乎是善是恶、是疯是坏、是疾病还是罪恶。这些人是不是病了？他们能控制自己吗？应该责备他们吗？他们是不是天性败坏，应该为自己的所作所为承担责任？他们应该得到帮助还是惩罚？19 世纪的思想家在试图理解这些人的行为及后果时，希望了解为何某些人会喜欢搞破坏（米隆，西蒙森等，1998年）。他们会思考这些人如何控制自己残酷无情的一面。法国医生菲利普•皮诺尔（Philippe Pinel）称其为"不伴妄想的躁狂"。美国精神学家本杰明•拉什（Benjamin Rush）描述了一系列在"恶意行动"后不觉羞愧的行为模式（米隆，西蒙森等，1998年）。19世纪30年代，人类学家詹姆士•考勒斯•普理查德（James Cowles Prichard）描述了一种"难以抗拒的、造成伤害或做出各种恶作剧的冲动"（斯托恩，1993年）。这些目无法纪之徒并非不知道自己的所作所为。他们清楚地知道自己的行为是不对的，但这并不妨碍他们犯错，而且往往是一而再再而三地犯错。

当然，有关这类人群的观点已经有了很大的发展，其命名多次变化，对其道德评价、所需承担责任、成因和治疗方式的看法也有了很大变化。但纵观精神病学发展史，社会性病态的特点一般都被认为是违反社会道德和法律、对他人毫不在意。近年来用来描述这些性格特点的相关常用术语包括"精神病态""社会性病态"以及"反社会型人格障碍"。一般来说，"反社会"或是"社会性病态"表示他们会出现违规行为（也就是说，这两个词描述的是反复违反社会规则和契约的行为模式），而"精神病态"则往往指向深层次的人格特点，尤其是缺乏同情心，而不是指行为本身。但是，这些术语的使用方式和场合经常出现重合，而且很多人并不会严格区分。

20世纪40年代，赫维•克莱克利（Hervey M. Cleckley）发表了《神智健全的面具：澄清一些关于所谓病态人格的问题》，此后，上述术语开始在美国公众中广泛使用（莫里，2008年）。传统上，人们认为，这类人一般外表普通，但会对毫无戒心的女性发起暴力性袭击，然后逃之夭夭。很多小说、电视剧和电影中的人物都是这种令人厌恶的性格，比如希区柯克的《精神病患者》以及现实中的连环杀手泰德•邦迪。泰德后来供认，他在20世纪70年代杀害了30位年轻女性。在当代新媒体中，有史以来听众最多的播客"Serial"（连续剧）大受欢迎，显示了人们对这种个性类型的巨大兴趣。这个播客主要是探讨一个高中生实际上是否是一个冷酷的社会性病态杀手。"双面骗徒"的极端类型就是杀人犯。谈到此类术语时，人们最常想到的形象确实就是社会性病态的杀人犯。但是，我们要记住，在现实中，绝大部分的"双面骗徒"并不会杀人。

当代美国精神科医生用"反社会型人格障碍"来指代严重的"双面骗徒"。据估算，大约有3%的男性和1%的女性会出现此人格障碍（萨多克，2000年）。并且，由于对此障碍的定义方式，反社会型人格障碍在监狱中更为常见（美国精神病学会，2013年）。某人之所以会被视为反社会型人格障碍，部分原因是因为他违反规则和法律却毫无愧疚，这在某种程度上是由法律体系和社会规范来决定的。根据反社会型人格障碍的诊断标准，他们并未脱离现实，能认识到自己的行为是不对的；这并不是是否出现犯罪行为的问题。也就是说，即使有犯罪行为或者连环犯罪行为，也不一定就是社会性病态。社会性病态与其他类型的犯法或犯规人员完全不同：其他人可能并不清楚自己在干什么（例如，精神病人在公共场合脱光衣服，是因为他觉得是上帝要求自己这么做的，因此，他是脱离现实的），或是对自己的行为抱有悔恨之意（例如，为了给儿子治疗癌症而抱着愧疚之心抢劫银行）。

双面骗徒为人傲慢，但常常无法完成任务或履行义务。他们不遵守规则，从不担心自己是否可能或者已经对他人造成伤害。令人们吃惊的是，这些人往往很有魅力。他们有着魅力十足的外表，但言语和行动都缺乏真诚。他们在生活的各个方面都会欺骗和操纵他人，但人们常常难以发现。因此，我们很难发现这类人。

盖伦的故事：第一部分

盖伦是一家投资公司的高管。内部审计显示他长期大量挪用公司资金，所以，他的合伙人找到了我。他在公司里秘密打造出了很多"分公司"，把钱都转移到了自己的口袋里。当然，在此过程中，他也占用了别人的资金。他筹划的骗局布局完美，一直运行良好，没有被人发现。由于他在职业生涯中大胆进取，为公司财务做出了巨大贡献，他受到的监督较少。当时机成熟，他便充分利用了自己的职权和能接触到资金的便利。当人们发现真相时，他的合伙人都惊呆了：自己怎么会这么轻信他。其他人难以理解他为什么要这么做。这桩丑闻对公司造成了毁灭性的打击，令其名誉尽毁。很多人觉得自己被他所利用和操纵，为此很痛苦。人们有一种被侵犯的感觉：自己曾经接纳他、信任他，甚至喜欢他。而事实证明，自己的判断根本就是错误的。他一直都在伤害他们，毫不在意地利用他们。即使盖伦被捕，也没有人感觉得到了慰藉。

有意思的是，他的同事、办公室职员以及客户似乎都是真的很喜欢他。他从未在公开场合有过问题行为，而且业绩很出色。他有一种魅力，会让人忍不住靠近他。大家都喜欢接近他。实际上，很多人希望"变成"他那样。他外表很有魅力，让人对他产生信任感。人们以前就知道他喝酒和赌博，但没有发现什么大问题。他只是盖伦，看似完美无缺的合伙人，过着令人目眩的生活。当调查展开，一个交织着欺诈、不忠和偷盗的复杂网络才呈现在人们面前，令公司里的所有人都大为震惊。更糟的是，盖伦这么做并不是需要钱或是孤注一掷。这一切只不过是为了让自己变得更加富有，而别人却在不知不觉间遭受了损失。

显然，在盖伦充满魅力的外表下，隐藏着一个双面骗徒。他们会在生活中不断地忽视别人。他们精心设计的魅力外表不过是为了接近人们，从而了解并操纵他们为自己所用。他们的所作所为都有所图（可能是金钱、权力或性），而且从不觉得自己有错。他们会觉得自己是当代传奇人物，而别人都微不足道，别人的存在都是为他们服务。他们会为自己的行为辩解，说"这世界就是弱肉强食"（贾巴德，2007 年）。可以说，他们从不惧怕惩罚，毫无道德良知（贾巴德，2007 年）。一般来说，这类人不会对其他人产生共情、高兴、内疚、懊悔等情绪反应，但是会产生肤浅的嫉妒、厌烦、憎恶和兴奋。

"双面骗徒"是如何形成的

双面骗徒会在 15 岁前表现出一些特定的行为模式，包括攻击他人或动物、损坏财产、欺诈、偷盗、违反规则（美国精神病学会，2013 年）。很多时候，他们是因为在成长过程中需要自己设法满足自身需求才会变成这样。例如，虽然盖伦家的社会经济状况普普通通，他的酒鬼父亲经常在他犯错时打他，而他的妈妈——他经常看到爸爸殴打妈妈——在他小时候就去世了，照顾他的是爸爸接二连三的临时女友们。而且，他也常常看到爸爸殴打她们。

因此，从很小的时候，盖伦就不得不自己照顾自己。他只管满足自身需求，从不感到内疚，也不考虑对别人的影响。他只在乎自己的感受，把别人当成供他利用的小卒。为了生存，他学会了察言观色，就像打牌一样，他总能判断出谁手上有自己需要的东西。当他发现别人的弱点，他就会大肆称赞对方的优点，把对方拉进他越来越复杂的圈套。明知道不可能兑现，他还是会乱开空头支票、胡乱许诺，对妨碍自己的人抱着一种"不劳不获"的态度。对他来说，成功更多的是一种需求，而不仅仅是为了生存。他总觉得自己无人可挡，甚至在被抓包时也是如此。即使出了问题，他也会为自己找借口，把责任推到别人身上。

实际上，双面骗徒常常会利用自己苦难的童年或其他经历赚取别人的同情以操纵别人，甚至有可能借此逃避惩罚或进一步检查。当然，我们应当对其成长背景尤其是创伤经历表示同情，但我们也要认识到，双面骗徒会精心利用其个人经历来为自己的行为辩解或是达到其他目的，却不会感到伤心或懊悔。

不同类型的双面骗徒

快手艾迪、油滑之徒、大老板、连环杀手

和其他类型的问题性格一样，双面骗徒也分各种业型。我们可以大致把

他们分成以下几类，但要知道，各亚型之间会有很多灰色地带。双面骗徒集团包括快手艾迪（Fast Eddie）、油滑之徒（the Sleaze）、大老板（the Big Boss）以及连环杀手（the Serial Killer）。以上排名依据其危险性和改变难度。

很多人还构不成以上任何一个亚型，但他们就是喜欢"占点小便宜"。我爸爸就是这样。在超市里，他喜欢把食品罐头上的标签撕下来，希望结账时能便宜一些。他并不常这么干，这也不能说明他的为人。他似乎只是觉得偶尔这么做会很好玩。他喜欢乱穿马路、开车闯黄灯。但就其他方面来说，他其实是个很有爱心的人。他从不伤害别人，也很关心身边的人。我很快意识到，他玩弄规则其实是不成熟的表现，是为了测试社会的界限，就像小孩会测试父母设置的界限一样。他这么做纯粹是为了给无聊的生活找点刺激。我爸爸这样的人可能会在不经意间惹上麻烦，在愚蠢的找刺激游戏中被抓，但本质上，他们并不是坏人。

其他双面骗徒则是道德败坏。他们比我父亲要坏得多。快手艾迪属于坏人，油滑之徒更是坏到了家，大老板则令人心生畏惧，而连环杀手纯粹就是恶魔。在双面骗徒集团内的排名越往后，越令人恐惧。从快手艾迪到连环杀手，这些人越来越不会感到懊悔自责，越来越冷酷无情。他们是一伙无视规则的坏人，区别只在于违规和不道德行为的严重程度、对他人的漠视程度以及欺骗和操纵他人的水平高低。违规行为轻者乱闯马路，重者则可能是一墙之隔，或是与你睡在同一张床上的连环杀手。当然，这并不是说一个人的行为会从无视交通规则发展到暗中杀人，但是，这是双面骗徒有可能会做出的所有行为。对此有所了解，会有助你判断其性质。

快手艾迪

首先来看快手艾迪。和我爸爸一样，快手艾迪总想在体育比赛等活动中占点小便宜，追求表面便捷，或是总想走捷径。他们的骗术并不高明，但这就是其行为的出发点。快手艾迪总想走捷径、千方百计地钻工作的空子。他们可能会违规将车停放在高管车位，或是在出差报销时虚报数额，并为此伪造收据。这就是他们的行事方式：以最小代价谋求最大获利，不管最终是谁买单。他们的骗术往往并不复杂，但会一再重复使用，并认为所有设法获得的好处都是自己应得的。快手艾迪的很多行为都违反了社会规范，但他们并不像其他双面骗徒一样善于操纵他人或是冷酷无情、引人注目。

我遇到过一个快手艾迪这类型的人，他的经历让我非常难过。他在一家非营利机构工作，那里的人们都很喜欢他。他的工作内容之一是管理志愿者项目，但他又是那种什么事都靠得住的人。他已经在这家机构干了20多年，对它了如指掌。在很多方面，人们把他视为这个地方的代表，因为他个性包容、待人友善。闲聊时，他可能会提到自己的一些经济问题，比如女儿要上大学，房子有贷款，诸如此类，但感觉和别人聊的话题也没什么不同。问题在于，每个志愿者都有一张免费食品卡可在此机构任意地方使用。此食品卡本意是为了解决志愿者的午餐，但在咖啡吧、礼品店和早晚饭时也能使用。由于这个人主管这个项目，他便认为自己也有权使用此卡。在某种程度上，他也知道这么做不对，但是，他觉得，既然这个项目由自己管理，自己就应该有权这么做。因此，他工作二十多年来，从未付过餐费或点心费。他一般每天在公司吃三顿饭，甚至在礼品店用此卡购买其他商品。随着时间流逝，在他心中，这种职务之便占有的额外便利成了理所应当的收入。

有一次，一个收银员对他的卡提出质疑，他坚称自己使用此卡是合法的，但收银员并不买账。收银员将此事报告给了上级，并最终报告到了人力资源部。人们很快分析发现，多年来，他用此卡获得的物品总值达到数千美元。他很快就被解雇了。他坚称是自己太幼稚了，说这只是一个误会，并表示自己愿意偿还。但是，他被赶出了这家机构，就像罪犯一样。他走后，人们开始谈论他的一些日常小事，发现他一直在利用公司制度谋取私利。他的职位得不到什么太多好处，但是，只要他觉得是自己应得的，他就会设法拿到。

油滑之徒

油滑之徒则喜欢操纵别人。他们会尽力让自己显得迷人而圆滑，自认为很了不起。实际上，他们相当粗鲁，诡计多端。普通工作配不上他们——他们依靠江湖智慧和剥削他人勉强度日，从不考虑自己的行为会给别人带来的影响。他们总是吹嘘自己样样精通，随时都会告诉你他的诸多技能，而且总是试图操纵别人。决不能信赖这些人。他们可能会抢劫、盘剥他人，可能是惯犯。他们不会设法，或是无法隐藏自己卑鄙的一面。

这种人很难维持稳定的工作。不走运的时候，他们可能会坐牢、无家可归或是染上毒瘾。他们在各个方面都毫无责任感，只为自己而活。如果和他们产生任何关系，最终都会导致你受到伤害。因此，最好还是尽可能地远离他们。但是，保持距离也许会很难，因为油滑之徒就是靠欺骗为生的。他并不隐藏，有很多危险信号都提示你他会把你骗得很惨，但是不知道为什么，你就是会上当，最终还大吃一惊。最后，你只能夹着尾巴离开，还得损失一大笔钱。

我有个熟人曾经雇了一个房屋装修工人，就是典型的油滑之徒。我这位熟人的屋顶出问题有几年时间了。他在房顶上加盖了一层，但椽子似乎放反了。两年以后，屋顶开始漏水，墙皮皱了起来，底下是一大片霉斑。

他浏览了评价网站，想找个技术不错的人来修房顶。修房顶的人来了以后，跟我朋友说这是他见过"最烂"的屋顶，说他从未见过这么严重的发霉。但他表示自己都能搞定。说到自己以前处理类似问题的经验，他故意用了很多行话。问到他在这个地区做过的其他工程，他就闪烁其词，似乎忘了自己还有证明人。他说我朋友在这个时候找到他真是运气好。看到散落在房子里的儿童玩具，他就说起霉菌对儿童健康的坏处，并声称自己希望尽快把活干完。他显得很有信心，说他能理解我朋友的烦恼。他要价很高，虽然看起来有点滑头，但房子的情况确实不容乐观。

这个工人在屋顶上干了两天活，继续施展自己的魅力，然后就要求我朋友去评价网站给他好评。他喋喋不休地数说自己用了哪些好不容易才能买到的最好的材料。因为活还没干完，我朋友不大愿意去做出好评。那时，我朋友已经感觉不太对劲了。但是，这个家伙一再要求，我朋友只能去给了个好评。然而，他的好评发出去以后，这个工人就不怎么来了。每隔几天，他就会来电话说自己来不了，借口一次比一次离奇。说好要来的时候也不来。过了很久，在我朋友的一再抱怨之下，经过很多次断断续续的修补，他终于宣布完工了。

然而屋顶还是漏水，到这个时候，这也许已经不足为奇了。可我朋友还是不断地找这个工人，因为他"了解情况"。我只想说，他拖了好几个月，花了几万美元，但一直没解决屋顶漏水问题。我朋友终于接受了他认识并信任的承包商的推荐，屋顶一周就修好了，只花了几百美元，而且后来再也没出问题。而我朋友并没有到那个网站去修改评价，因为他担心那个工人会报复自己。于是那个工人毫发无损地继续招摇撞骗，就看谁是下一个倒霉蛋了。

大老板

下一个要说的是大老板。低水平的大老板（初级大老板）在很多方面就是快手艾迪和油滑之徒的升级版。高水平大老板（高级大老板）的行为则是名副其实的犯罪，他们有时候会参与有组织的犯罪行为，但也有时候单独行骗。初级大老板会处处抄捷径，不走寻常路。他们往往身居高位，可以借此获得经济或是其他方面的好处。他们比快手艾迪或油滑之徒更为老练，但其不法程度仍逊色于高级大老板。

我以前认识一位中上层经理，他在工作中的表现可以说是初级大老板的完美演绎。他供职于一家大型计算机公司，在公司里算不上什么大人物。但是，他的上级是公司高管，而他自己在软件开发领域近乎拥有绝对权威，在创新分析部门有几百个下属。他待人亲切、热忱，手底下的人都对他很忠心，而且感觉受到了他的保护。然而，问题在于，他们在工作中为什么会有被保护的需要？

很明显，和他作对的人在公司发展得不太好，往往不是离职就是调到了其他部门。如果需要用人，他完全不考虑手下人的喜好和选择，甚至常常连其是否具备适当的技能也不考虑，只是随便找个人（任何人？）就不管了。因此，员工们积累了很多不满情绪，认为他否定和贬低自己，并为此感到恐慌。人们之所以感到恐慌，是因为胆敢抱怨或是回嘴的人都立即以某种方式被惩罚，而且常常是那种让人意识不到或是无法证明的惩罚。突然之间，这些有过抱怨或是回嘴的员工就会感觉自己像是上了某种黑名单，只能小心翼翼地避免与其发生冲突，期望头顶乌云尽快飘走。不然，他们就得考虑换工作了。他的核心团队非常忠心，他的权威看起来不可动摇。因此，每个人都只管埋头工作，从不说多余的话，以免引起他的不满。

还有一些事，说起来连他的核心团队都会觉得不舒服。和一线员工一样，他们也不敢对他提出质疑。他经常要求核心团队成员做一些不太对但也算不上违法的事情。他安排的项目完成方式更像是在赌博而非做业务，通过操纵一个人完成某些事情来促使同在局中的另一个人做另一件事，每一步都精心安排，只为了获得他想要的效果。他经常以不公开招聘的方式聘用朋友或亲戚，生意和外包工程也常常都给了"朋友的朋友"。财富管理部的项目似乎推进得极为迅速，而公司的其他经理却总觉得被官僚作风掣肘。他挥霍无度，用公司的钱支付昂贵的外出用餐费、个人设备甚至度假费用，很难理解他是怎么在这种情况下保持部门收支平衡的。

和你想象的一样，有几次他这么干的时候平不了账面，公司展开了调查，终于抓到了他。最终，他被解雇了。调查期间，他的核心团队成员焦急万分，担心会被他牵连，尽管他们只不过是奉命而行。他明白无误地承认了自己的错误，为此道歉并保证将来会三思而行。但令人震惊的是，他在离开公司前一天还要求团队人员替他说谎，认为自己肯定能解决这事。

高级大老板则是真正的反社会型人。他们的很多时间都用在骗人上。他们一般外表风度翩翩，很吸引人，有名义上的"事业"，甚至可能非常成功，但其生活中主要从事的都是违法活动。作为领导人，他们显得非常聪明，很有感染力。你会被这些大老板吸引，即使感觉有点不安。你可能会感觉到他们有点危险，但又说不清楚是什么。你会追随他们，与他们合作、建立社交关系。他们可能会是居家好男人或是展现出其他传统优点，但他把家庭生活和工作分得很清楚。

当然，同时过着两种生活，表面上看起来还是很令人羡慕的。很多电影和电视剧都描绘了这种人的生活。但是，在心理学看来，分裂自我的行为是非常病态的。这种分割世界的行为表明自我的某一部分无法认同另一部分。大老板可能会通过犯罪行为伤害其他人，而他不认同犯罪行为的另一部分思维和生活被完全割裂开来，从而导致其不断堕落。

但是，对大部分大老板来说，这两个世界最终总会发生冲突。上文提到的盖伦就是一个大老板。最终，人们发现自己完全被他骗了。而且，令人震惊的是，他居然真的是个坏蛋。我们都听说过财务顾问参与庞氏骗局、毁了别人生活的事情。这些人原本往往被视为可信的顾问或是亲近的朋友。也有一些人从事看似合法的生意，最终却被发现是毒品交易或其他违法行为的幌子。

我曾经给一位警官做治疗，他就过着这样的双重生活，最终自己走入了炼狱。他人很好，妻子很可爱，还有两个孩子。人们都说他对犯罪行为绝不手软，认为他是令人尊敬的公务员。

但是，在金钱的诱惑下，他卷入了黑市交易，利用职务之便为其提供便利。他在交易期间负责放风，驱赶围观人群，伪装成执行公务的样子。有时，他会利用本该逮捕的人来达成交易，并将其介绍给可卡因、被盗车辆甚至艺术品的买家和卖家。他不断提升可能施加的惩罚，威胁人们服从其要求。

他到我这里来做测评时刚刚开始地下交易。他来找我是因为轻微违规行为（在突击搜查时私自拿了一些钱）即将受到处分。他表示自己因为过失而"焦虑和失眠"，是警察局长命令他来接受治疗的。我察觉到了他身上"双面骗徒"气息，建议局里通过人力资源部门解雇他。然而，他们坚持希望让他回到队伍里。于是，我把他介绍到了他家附近的一个咨询师那里。他只接受了短暂的治疗，一得到允许就很快回去工作了。几年以后，我才在报纸的头条新闻中了解到他真正的犯罪行为有多严重。实际上，不用了解他的治疗细节，我也大概能判断，他因为搜捕行动中私自扣留钱财被抓时，很可能并不是当时第一次或是最严重的违规行为——他只不过是第一次被抓而已！我猜他的妻子，甚至很可能他的咨询师当时都坚信他是偶一为之，认为他不会再犯，认为他已经吸取了教训。可是他们都大错特错了……

这是理解大老板这类型人的关键部分。很难想象，他妻子怎么会不知道他这么善于操纵人心、这么狡猾。对有些人来说，大老板型人的吸引力怎么形容都不为过。即使人们只是有一些模糊的感觉，并不清楚与他们交往会有多危险，与危险和权势共舞还是会感觉很刺激。与油滑之徒不同，大老板型人的社会性病态较为隐蔽，他们可能外表非常迷人而性感。随着他们与对方关系的深入发展，对方可能会产生可以"驯服这个坏小子"的感觉。然而，很多时候，人们都低估了他们坏的程度。这也是上文提到的警官妻子和单位后来认识到的。

即使他们的双面生活看似相互分离，潜伏的暴力倾向也常常会间歇性爆发。比如说，人们眼中的"居家好男人"在办公室度过煎熬的一天后，回到家里可能会打老婆。这种"双面骗徒"可能在工作中表现正常，但如果事情有任何不顺，他就很可能诉诸暴力。就像是在分裂的生活中，潜伏着随时会爆发的暴力点火索。出于分割生活的需要，这类型的人往往身居高位，这样他们就可以打着工作的旗号，利用权力操纵、攻击、恐吓、欺侮别人，直到被人拆穿。

连环杀手
说完了大老板，我们再来看一下双面骗徒中最令人恐惧的连环杀手。他们是精神病态者，是令人不解的魔鬼。当然，连环杀手是最严重的的社会性病态者。幸好，我认为我遇到的人里没有这样的。希望你也没有遇到过。尽管连环杀手常常登上新闻头条，实际上总体来说，这样的人很少见。我们都听说过住在隔壁的友善邻居实则多年杀人的骇人故事。例如，人们都说斯科特·彼得森 (Scott Peterson) 是个好丈夫，他姐姐说他是那种很有魅力的人。最终，他却被证实杀害了怀孕的妻子 (伯德，2005 年)。

丹尼斯·雷德，又叫 BTK 连环杀手，就是典型的"双面骗徒"，其特点符合最严重的反社会型人格障碍，令人倍感恐怖。在写给当局的信中，他自称 BTK，代表英文里的 "bind, torture, kill"（意为"捆绑、折磨、杀害"），反映了他在杀人时的行动顺序，通常包括绑起受害者、勒死他们、在犯罪现场自慰（比迪，2005 年）。雷德被认定在 30 年间杀害了 10 个人。关于雷德的纪录片显示，他婚姻幸福，有孩子，还当过教会领袖，参与过童子军和社区警务。他身上集中体现了多重生活的倾向。记者采访时，他说道："我在身体内部某个地方是分裂的……在那里，我只能做那种事，然后再回到正常的生活。"他在中学时就知道自己不正常，还说过自己一辈子都不得不掩盖这种有隐秘自我的感觉。

杀人那段期间，他还去大学学了刑法，并在 ADT 安全服务公司工作，了解如何更好地侵入别人的房屋。实际上，他有时候会在午饭时间换上衣服出去杀人，然后回来继续完成一天的工作。他在 ADT 的一位女同事说他从不允许别人当着她的面说脏话。他甚至会带受害者去他当路德教会领袖的教堂。他是丹尼斯，也是 BTK 连环杀手。他们住在同一个身体里，过着不一样的生活。二者唯一出现交集似乎就是他当市合规主管的时候：他经常假借执行社区标准的名义骚扰女性，总是喜欢摆布别人、咄咄逼人。杀人几十年后，他终于受到了审判。对于他在描述杀人过程时无动于衷的表现，公众反应强烈。他称杀人为"项目"，表明他完全将被害者客体化，将其视为获得性满足的方式。入狱后，他在一封信里写到有人会在"正常的居家生活"之外有"阴暗的秘密"（文泽尔，2014 年 ）。

这个人绝对是我们可能遇到的最恐怖的人了。他令人感到震惊和恐怖，其残暴、骇人的程度，可以说是泯灭人性。

职场中的双面骗徒

在办公室里，双面骗徒往往在一开始会很受人欢迎和信任（雷和雷，1982 年），从而担任重要职位。在其恶行被人发现之前，他们可能会多次犯规。但是，即使在未发现其重大恶行之前，你可能也会察觉这种人在团队里表现不佳，无法与他人合作，对周围的人态度恶劣，受不了指责，可能会很善变或有攻击性，会为了其利益而反复撒谎（巴别克和海尔，2009 年）。

我们一定要认识到，在某些行业里，看似双面骗徒的孤立特质实际上可能是行业的需要，不一定表示这个人就是双面骗徒。例如，脱口秀主持人可能会有点油嘴滑舌；演员可能会很浮夸做作；走钢丝的秘诀可能在于肾上腺素；侦探可能需要不断地撒谎。我们可能会看到二手汽车销售员善于操纵顾客心理，士兵们不需为战争中的行为懊悔，殡仪业从业人员情绪表达非常有限（斯托恩，1993）。当然，这些都是有关这些行业的刻板印象。身处这些行业或职位的人并不一定会展现出任何独特的个性特点。但是，通过对比，我们要意识到，在考虑某人的性格特质时有必要将其工作背景和文化考虑在内。

那么，办公室里的双面骗徒会是什么样呢？我们可能会看到各种各样的双面骗徒。他们可能会为了建立对其有益的人际关系而勤奋工作，与此同时，他们会通过操纵性的言语和权术对其认为没用的人表示漠视（巴别克，1995年）。双面骗徒会努力让自己在整个办公室里处于上风，并消除任何潜在的对手。有助于巩固其图谋（尤其是其权力）的人们会获得回报，而大部分员工会感觉得不到认可或赏识（邦迪，雷迪修斯基等，2010 年）。这些目无法纪的人们渴望获得高级职位的权势和财富，而且他们常常能取得成功，因为他们会为了自己的追求而奋斗。但是，担任领导职位的双面骗徒往往会虐待其手下，突然中止合同，导致工作环境不安全，不断变更商业合作伙伴，欺骗消费者，甚至违反劳动法和人权标准（科托拉，2006年）。如果有人总是将别人的劳动成果占为己有，这就提示对方有可能是双面骗徒（巴别克和海尔，2009年）。很多时候，他们身边的人会吓得不敢作声，导致其同事与其对质时往往达不到效果。有的人（通常是其下属）看到了其所作所为，却无能为力；他们可能会因为士气低落而导致工作效率降低，在完成工作时不够敬业（佩克和司雷德，2007年）。

研究表明，存在双面骗徒的机构参与环境或社区有利项目的可能性较小（邦迪，雷迪修斯基等，2010年）。有的学者甚至提出近期的全球金融危机是由于机构内真正的社会病态者居于主导地位引起的（邦迪，2011年）。许多因素导致商业界非常适合双面骗徒大展拳脚，而且，实际上，有人估计10%的金融业从业人员都是双面骗徒型人（德康尼，2012年），这比其他行业的比例要高出三倍！其中一个因素是因为金融行业的职位提供了接近（并操纵）成功和权势的天然场所。金钱不是金融界的副产品，而是这场游戏的规则和目标。

另一个导致此高比例的因素是，与其他行业（例如社区裁缝店）相比，在大公司内，双面骗徒能更好地隐藏其骗局、动机和对人心的操纵。最近数十年来，公司规模大幅扩张，同时也变得日益复杂，尤其是随着越来越多的经理、专业人士和专家进入公司。在这种环境里，若想取得成就，组织技能和技术知识反而不如个人魅力和社交技能有用。这种环境对双面骗徒很有利，使其能在与更称职，而且品德高尚的人的竞争中胜出。这些公司结构复杂，无法密切评估员工行为，反而推崇信息的选择性沟通。所有员工可能都存在选择性沟通的倾向，但是双面骗徒会积极地掌控信息筛选过程，以保证只有自己获益。

双面骗徒不大可能在组织严密的团队或官僚体系等对其图谋不利的地方工作，但很可能会在工作节奏和进展较快的大型不知名机构工作，以确保自己的不轨行为不会被人发现。如今，人们会远程办公或是在世界各地工作，这为双面骗徒隐秘的恶行提供了进一步施展空间。一旦被解雇或是离开原公司，他们就会带着从上一家公司骗取的大量财富跳到另一家毫无戒心的公司。很多时候，导致其换工作的事件并没有严重到会令其被捕或上新闻的地步。因此，这些人能维持相对清白的背景。鉴于这种趋势，公司应注意向商业促进会（Better Business Bureau）或联邦贸易委员会（Federal Trade Commission）报告相关事件，以确保跟踪记录。

商业界发展趋势导致的另外一个影响是全球市场均致力于财富生产，这往往与双面骗徒不顾一切追求成功的心理一致。"这对公司有利"，成了切实可行的座右铭。双面骗徒不惜一切代价追求成功，这会导致公司做出的决策有违道德，使员工士气低落、人员流动频繁，而且会导致公司出现代价惨重的失误（佩克和司雷德，2007 年）。

更可怕的是，双面骗徒有可能会在工作场所出现暴力行为。实际上，近几十年来，在工作场所出现的杀人事件大幅增加，甚至可能达到原来的两倍或三倍（福克斯和雷文，1994 年；约翰逊和英德维克，1994 年）。而这些事件多与员工受到斥责或是财务纠纷有关。如果双面骗徒有攻击他人的前科，蔑视权威，或是有酗酒或吸毒的情况，则该人出现暴力行为的风险会更大。所有可能导致严重后果的暴力行为征兆都应向相关主管机构报告，以采取适当的法律行动，或进行精神科治疗。即使你不能确定是否会发生暴力行为，也应该将任何此类情形视为紧急情况。曾经有公司需为暴力事件承担法律责任，只因其未采取充分的保安措施或是未重视此类威胁（约翰逊和英德维克，1994 年）。

如何与双面骗徒相处

针对某些"影响较轻的"社会病态性行为或类型，我会探讨多种可能见效的干预措施。但是，一定要注意观察是否有线索提示这些人可能是毫无人性的罪犯。之所以有这种必要，是因为双面骗徒有可能外表魅力非凡、事业有成，在其不轨行为被揭穿之前，公司可能无法每天花精力来对付他们。因此，与其他类型的问题人格不同，针对双面骗徒，我们更多要考虑的是如何避免其进入公司或是将其逐出公司，而非如何管理他们。

对大多数公司或机构来说，关键是要尽快与此类员工切断联系，尤其是考虑到如今法律规定越来越倾向于要求雇主保护雇员、顾客和客户等在工作场所免受伤害（克拉克，2005 年）。公司决策伴随着很高的风险，因此，务必要查清楚谁是潜在的双面骗徒并思考如何将其逐出公司。不幸的是，这些人往往开始时在工作场所显得很好相处且很有责任心，从而能占据重要职位并掩盖其不轨行为，直到被人发现。我们的目标是防止再次发生类似行为，尽可能地在出现问题时将其连根拔起，确保公司环境不鼓励、不容忍、不允许此类行为。

最有用且安全的办法是防止与双面骗徒产生联系：不要雇用他们，不要为他们工作，人生每一步都要避免与这类人产生联系。当然，这事说起来容易做起来难，因为他们非常擅长欺骗和摆布别人，施展其魅力，甚至可能成功地在简历中作假，比如列举其从未担任过的职务或是并未发过的论文。因此，对策之一是在招聘时给证明人打电话核实其提供的所有工作经历。很多时候，以前的雇主并不愿意提供有关雇员之前工作表现的信息（通常是担心卷入法律纠纷），但至少要确认其提供的公司地址、许可委员会等信息是否属实。此类防范措施也许会占用一些时间和精力，但对于防止双面骗徒进入办公室来说，这是至关重要的一步——很多深受其害的公司和个人都后悔没有采取此类措施。实际上，在美国的很多州，公司有可能会因为招聘时的疏忽，包括没有进行充分的背景调查，而需承担法律责任（王和克雷纳，2004年）。曾经有公司因雇员犯罪而败诉的先例，公司在雇用该人时未考虑其犯罪前科。当然，这并不是说我们不能雇用有犯罪记录的人，但我们应当做一些调查，要了解自己聘用的对象。

在面试中问及应聘人员以前的工作经历时，要避免蜻蜓点水。要详细询问具体工作的细节，并且，如果应聘人员有任何闪烁其词之处，例如，只说自己做得如何出色，却不说具体做了什么，遇见这种情况就要进一步询问。双面骗徒会很狡猾——使用大量没有实际内容的行话——而且，他们可能知道该如何利用自己的简历和面试过程把自己打造成事业有成、受人爱戴、对公司具有很大价值的人。他们很可能非常擅长让自己从应聘众人中脱颖而出。

实际上，招聘人员时，最好要小心那些在面试时过多强调自身魅力和进取心的应聘人员。与其他潜在的不法之徒相比，双面骗徒更可能展现出这些特质。你的第一感觉可能会是："哇，这不可能吧！"你的直觉很可能是对的。你得要求对方提供更多更具体的信息，直到你能确认这个申请人是货真价实的人才。

好友给我讲过一个人，他想招来做人力资源工作。这个人以前也做过人力资源，背景很符合职位要求。他面试对方以后，跟我说这个人非常有礼貌。这触发了我的双面骗徒雷达。我让朋友多查查这个人的背景。结果发现，这个人只是善于推销自己，实际工作却做得不怎么样。在后续的几次面试中，这个人用了大量术语，夸夸其谈。我告诉朋友一定要让他提供具体的细节。他要求对方提供越来越准确的细节，结果对方开始胡说八道。招聘流程快结束时，大家清楚地发现：是，他以前是担任人力资源职务，但他所做的只是分配人力资源实际工作。他对自己应聘的领域可以说是一无所知。自然，他没有被聘用。

要小心教育、培训或工作经历中的空档期。如果在简历上或是面试时发现此类空档期，一定要问清楚期间发生的事情，因为，这些空档可能与双面骗徒不法行为的过渡时期有关。在招聘时进行筛查,可以核实申请人提供的社保号码、身份信息、驾驶记录、教育背景、工作经历、信用记录、工伤补偿、部队记录、专业证书、民事诉讼相关信息以及犯罪记录等资料,这些都能为你提供有用的信息(王和克雷纳,2004年)。起草招聘协议时,如果需要了解排除某个申请人并避免被视为歧视或是违反残疾人权利的手段,也许有必要咨询法律人士。有一场影响很大的政治运动,名为"禁用勾选项",试图将有关犯罪记录的勾选项从应聘申请中移除,以帮助有犯罪记录的申请人找工作和融入社会。这个运动希望给那些有犯罪记录的人恢复正常生活的机会,否则,这些人将无法获得工作、房屋或是其他资源。

一定要记住,以上只是建议,不能不加区分地加以使用。职业生涯的空档期也可能是涉及的经历太多,不一定都与不法行为有关。实际上,这可能是善良的儿子为了照顾生病的母亲而多次离职,或是爱冒险的人在两次工作的间隙去旅行。可能是母亲或者父亲为了照顾孩子而选择回归家庭,或者也许是有人想写书。一定要从整体的角度来看待上述有关招聘的建议:是否频繁换工作?理由站不住脚且缺少证明人?空有魅力外表但无法提供实质内容?如果遇到这样的申请人,要注意将其视为可能的双面骗徒,并密切观察。但是,不要盲目地一字一句地遵循我的建议,否则你可能就招不到体贴的好员工了。

此外,有建议指出,尤其是对金融业从业人员来说,雇用那些在工作之外有其他关注点的人也许会有益处(德康尼,2012年)。这个关注点可能是业余爱好或者家庭,关键是除了金钱、成功和权势之外,还有其他可供他们谈论和消遣时间的事务。我们要对积极上进的人给予认可和奖励,但过于迷恋认可和奖励也可能代表办公室里可能会出现违法行为。另一个有助筛选的问题是假设应聘者和公司不能达成一致,看对方是否表现得很烦恼以及对此状况的自然反应(比如,在多大程度上他们只追求成功、不会广泛考虑其他要素?)。对于任何不惜一切代价追求成功的人都要保持适度的怀疑。

但是，假设申请人通过了上述初步筛选和面试阶段，应聘成功。第二步是要帮助他们熟悉公司各项规定。如果公司或机构有明确的使命、文化、行为规范，这对员工（以及经理，甚至合作方）都会很有帮助。明确的规定也让员工更易判断自己是否出现违规行为。我在和性格各异的出现问题行为的医生合作时经常会遇到这种问题。当员工出现问题行为时，往往是因为其并不知道自己的这种行为是不被认可的。而且，我在前文也说过，每家公司对可接受行为的标准不同，在这家公司可接受的行为可能在另一家公司是绝对不能允许的，甚至在同一行业内的两家公司都会有这种情况。公司要重视使命、目标的撰写并制订明确的人事规定，将其分发给员工并经常性地提及。这样做不只是为了筛除真正的双面骗徒，也能避免无辜的旁观者效仿其行为。奖励业绩出色的员工有利于打造公司文化，也会从根本上影响公司文化。关键是要在奖励相关行为时和公司规定保持高度一致。很多时候，双面骗徒的同事会看到他们通过各式手段获得奖励；即使这些同事更诚实、更有人情味，他们也会被双面骗徒的成功所迷惑，甚至可能为了迎头赶上而开始无意识地模仿其行为。双面骗徒的助理可能目睹了自己的上级如何占公司的便宜，比如，冒用公司名义报销个人支出等。在看到这一切后，助理可能就会觉得自己把办公用品拿回家也没问题，即使她知道这么做并不对。在那种情况下，很容易就会做出这种决定。但是，此类行为会越来越多，同事会感觉自己也可以效仿。而整个办公室的道德指南针就会越来越偏离正确的方向。

常见的一种错误是人事规定过于抽象，因为这实际上会导致双面骗徒的行为更加恶化。他们会致力于建立各种同盟网络以维持一种"为人正直""才华出众"的整体表面印象，而不是追求真正的工作效率。关键是要在宣传各类高尚价值观或远大目标时，一并详细地描述哪些行为属于违规行为以及相应的后果。当然，你不可能把员工可能出现的每种违规行为逐一列举，但是，不要只是简单说一句公司推崇"专业素养"，一定要明确说明剽窃、盗窃、种族歧视等行为是严格禁止的。

有一种策略可以防止双面骗徒在公司或机构内崛起，那就是更多地强调个人对公司或机构整体目标的贡献，而不是其个人成就（吉卜林，1981年）。是否有人从事长期质量改进项目以致影响到其本季度个人业绩？应该鼓励并明确重视个人业绩与公司整体业绩的平衡。

如果你的老板是双面骗徒，另一种技巧可能会有帮助，那就是明确对彼此的期待。尽量将你们的对话以文字形式记录下来，使其变成正常工作流程的一部分。在电话和会议结束后保持跟进，明确说明你对计划的理解、你的义务以及你对此工作做出的贡献。

S先生，今天和您会面非常高兴。感谢您为我解释当前的营销策略。我一定会跟进此事，联系新客户X并向其提供我们的材料。按照我们商定的，如果她在下周二前没有答复，我会联系她的上级。感谢您给我机会参与这个项目，我希望尽快完成这个计划。我会随时向您报告进展。

即使双面骗徒不回复，你也留下了文字记录，可以在将来被其针对时发挥作用。

在当代商业领域，有一些非常有趣的技术性筛查工具可以帮助我们发现各个级别的双面骗徒。这些应用不属于心理评估工具，而是电子应用软件，可以监控公司内部行为，以发现可能需要进一步干预的异常问题。例如，这些程序可以整合公司数据库的所有数据并筛查是否存在窃取知识产权或是滥用职权的行为。根据所在机构的性质，这些程序也许值得投资。

如果在规定明确的情况下，双面骗徒仍然出现违规行为，关键是要在处理措施上保持一致。任何通融或是动摇都会导致双面骗徒继续留在公司、导致更为恶劣的行为。如果快手艾迪违规行为被抓，一定要对其加以惩处。也许，遇上一次麻烦就能让他意识到职场行为的界限，并在下次有违规可能时做出更明智的选择。同时，这对公司内部其他双面骗徒也能起到以儆效尤的作用。

记住，在发现双面骗徒的真面目后，对其质询和处理后续事宜时一定要小心谨慎。你要知道，和这些人打交道可能会让你或是公司面临欺诈和被操纵的额外风险。他们可能会试图哄骗来质询自己的人，让对方感觉对他的指责是无中生有，导致质询人卷入风波，或是操纵并利用局面。他们甚至可能会寻求盟友帮其辩白，把所谓伙伴拉到办公室或是在邮件往来中抄送他们。遇到这些行为，你要小心自己面对的可能并不是快手艾迪，而是其他类型的双面骗徒。

　　不幸的是，有些最顶尖的双面骗徒会利用其表面魅力来佯做歉意或悔意。办公桌上的鲜花？歌剧票？他们可能会利用精心思考、合情合理的意见甚至是专家意见来为其行为提出一些看似合理且令人信服的其他解释（实际是：借口）。记住，这种伪装正是他们所擅长的。因此，即使他们以看似真诚善意的伪装表示同意约束自己的行为或是接受干预，他们也可能正在积极地密谋其他事务。如果你想揭露其问题行为，这个时候也许该去审查一下该人的工作经历，包括在目前公司及此前职位的经历，并考虑联系证明人、重新核实相关信息。

　　针对双面骗徒的问题行为没有快捷的解决方案。对于程度较轻的问题行为，可以尝试把正面行为与对方追求的东西如金钱或其他回报联系在一起。如果这人还会继续留在公司，一定要非常清楚明确地向其说明公司制度和规则。如果该人表示悔意并且有意改正自身行为，可以考虑在咨询法律人士或人力资源部门后建议其接受治疗。为避免将来对自身或自身决定感到厌恶，他们可能会愿意采取措施改正其行为。实际上，有许多研究表明，反社会型人格障碍者出现抑郁是治疗反应中的好现象（斯托恩，1993 年）。这是因为，如前文所述，最令人恐惧的双面骗徒是不会感到懊悔或是任何正面或负面情绪的。如果他们感到抑郁或是懊悔，说明他们可能是低水平的双面骗徒，改变自身的可能性较大。而那些坏到家的老板型双面骗徒则应立即开除。会有很多原因导致人们不同意接受治疗，但坚持与咨询师会面是一个好现象，尤其是如果并未强迫其接受治疗，是其主动想改变自身行为的话。而那些更令人恐惧的双面骗徒则可能轻描淡写其违规行为、花言巧语地要求恢复名誉。但是，对很多人来说，在 30~40 岁以后出现恶劣行为的可能性会自然减少（斯托恩，1993 年；萨多克，2000 年）。

如果有人反复出现违规行为，则显示其为油滑之徒或是更严重的双面骗徒，一定要立即通过适当的行政渠道将其逐出公司。公司里那些真正的骗徒是不会吸取教训的，也不会因为受到斥责而改变，相反，他们会把自己伪装得更好，以免重蹈覆辙。你得把双面骗徒赶出公司，而且动作要快！他们的行为不会因为接受辅导或治疗而出现改善，你动作越快，可能遭受的损失就越小。如果是大老板型骗徒，一旦被人发现，他就可能被立即开除，无论其担任何种职位。他们的行为往往会对公司产生直接负面影响。但是，很可能你的老板是大老板型骗徒，而且你很清楚。你知道公司从事见不得人的交易，但是，对你来说，这只是一份工作而已，你觉得我又没做任何坏事，是吗？要小心，一旦东窗事发，你可能会在经济、法律或道德以及其他方面受到连带影响。

人们常常会高度怀疑身边有人是双面骗徒，但又不敢采取必要的行动。不论是雇主还是雇员，你可能都会担心他们会对你实施报复，或是为自己被其所骗而感到羞愧。但是，真的，这事关你自身及周围人们的安全和道德问题。尽量记住，一旦出现问题，你能依靠的最有力的后盾是文件记录、制度支持以及整个机构。开始保存邮件往来、谈话和会议记录吧。但是，在很多地方，对谈话进行录音或录像是不合法的。不过，要确保你收集的资料尽可能客观：事件、陈述、行动。可以考虑在同事中针对每个人进行匿名问卷调查，收集大家对彼此的评价（打分）和行为描述。在问卷中要包括对道德和职业精神的评价。如果有帮助，可以尝试弄清楚他们究竟在哪些方面和别人不同。在一步步推进时，尽量避免与对方单独对质，甚至要避免与其单独交谈。任何时候都要尽可能确保有第三人在场，这样可以避免双面骗徒针对你们的交流扯谎。如果在此过程中遇到任何威胁，甚至是通过权力、金钱或身体语言对你进行恐吓，都要向相关主管机构报告。

　　双面骗徒肯定会骗人，这是毋庸置疑的。要将这种人视为对你自己、同事以及公司的潜在威胁！不管你是被他利用的小卒子还是旁观者，你要知道，不管这个过程有多么艰难，你都可能是在保护你自己和其他人。虽然事态紧急，除非有明显严重的违规行为，你在收集（并最终上交）证据时必须保持谨慎。最好能征求一下法律人士或是诈骗举报机构的建议。

　　不幸的是，如果你的老板是双面骗徒，最终你很有可能得离开公司，以免卷入可能对你不利的丑闻，避免对自己或家人、名誉或是事业造成损害。这也许对你不公，但却是明智之举。尤其是在你感觉不开心或受到不公待遇时，这可能是聪明之举且对你有益。同时，你可能需要问问自己，如果继续待在这家公司会对自己不利，为什么还要如此坚持？

　　我在精神科当住院医的时候，有一位督导给我说过一件事，可以解释为何双面骗徒会如此难以对付。有一家精神病医院进行了一项实验，试图"治愈"社会性病态者。我从来没看到过有关这项研究的文字资料，但仅是逸闻也很有教育意义了——我一直记得这事。在这项研究中，几个被确诊为反社会型人格障碍的人同意住院，进行为期两年的治疗。这些人都走投无路，无家可归，也没有工作。因此，在医院干净安全的环境里待上两年，还能享用美食，这听起来是个不错的交易。那时，精神科还很辉煌。这家医院的建筑群散落在一处环境优美的地方。

　　研究计划是这样的：住院第一天就定好规则，期间绝不修改。因此，每个参与者在第一天就清楚地知道自己的房间、饮食、治疗安排、可以外出的时间等。这些都不容商议。研究是基于一个假设，即双面骗徒会在自认为可以"得手"的场合利用人们和局势。他们有一种几乎令人难以理解的能力，能看透人们的心思，将别人吸引到自己身边，为满足自己的需要服务，而且往往是肤浅的眼前需要。这就导致双面骗徒在很多方面仅是反映了其他人的弱点。

因此，这些研究对象一直很清楚研究的规则：规定就是规定，不可能有任何更改。然而，他们还是会尽力了解其他参与者和工作人员的癖好，企图钻空子，占小便宜。他们这么做，无非是想看看自己究竟能不能做到，或许，还能得到一丁点儿的好处。

但是，几个月过去了，他们越来越清楚地意识到，规定是不可能有任何更改的。于是，他们不再蠢蠢欲动。渐渐地，他们开始忙于其他活动，与其他人交往，参与社区项目，甚至会在小组治疗时听别人讲话或是与别人沟通。他们变得循规蹈矩，培养了各种兴趣。

出院后，每个人都可以继续接受精神科门诊治疗，还得到了住房以及工作机会。他们满怀感激地离开，保证会维持这个"新开端"。然而，一年后的跟踪研究发现，所有参与者都已经辞去或是丢了工作，没有人有稳定的住房。他们的人际关系再度土崩瓦解，有几个人甚至坐了牢（更多的人则可能在违法后逍遥法外）。外界诱惑太多，双面骗徒违法的冲动战胜了表面的改变。外面的世界不可能像受控的环境一样令其停止违法行为。

即使是监狱这种会为此类研究提供环境控制的地方，也往往会变成攻击性行为和违法行为的温床。在上述研究中，专业的行为监控专家对几个人进行 24 小时的密切监控和帮助。虽然监狱是与这种环境最接近的地方，我们也知道，很多时候监狱并不是完全致力于令人改头换面。在大多数治疗过程中，我们几乎不可能提供类似上述研究的干预程度，更不要说场所和环境了。因此，有关此项研究的逸事显然说明，如果任何机构发现与双面骗徒产生联系，应尽快将其逐出。不要再把他们留在身边，冒这种风险不值得。

与双面骗徒相处的有效措施

• 通过询问证明人、进行背景调查、在面试或简历审查中关注是否出现警示，避免雇用双面骗徒。

• 与人力资源部门合作制订明确的行为规范，发放行为规范手册并奖励遵守规范的行为；这有助于避免双面骗徒在出现不可接受的行为时推说不知道相关规定，并防止其他人效仿其行为。

• 在绩效评估时，要将对公司的贡献置于个人成就之上，防止双面骗徒得到晋升。

• 对违规行为的惩处要保持一致。

• 理想的做法是，一旦发现双面骗徒就应将其从公司开除。

• 与双面骗徒对质时，最好要有制度的支持以及对其不当行为的明确文字记录。

• 如果无法将双面骗徒逐出公司（例如，他可能是你的老板），有时最好的办法是自己离开。

3

Chapter

认知功能出现问题的人们

认知障碍引发怪异行为

现在，我们来了解一下影响职场人际交往的另一因素：认知以及大脑的各种复杂心理机能。在第二章中，我们探讨了各种问题人格及其在人际交往中可能出现的问题行为。现在，我们来了解一下认知过程及性格类型对认知的影响，以及认知障碍如何导致工作场所问题行为。

上一章我们主要讨论了几种性格类型的人际关系和情绪。本章则会重点关注大脑和思维，也就是所谓的认知，及其对工作环境的正面或负面影响。所谓认知，指的是个体从外部世界吸收、操纵和利用信息的过程，包括对声音和光线的感知以及记忆、思考和语言能力等。

目前，精神病学家把认知划分为特定方面的具体能力。个体可能会在一个或多个方面出现认知问题或障碍。认知功能涉及多个方面。我们要探讨的第一个方面是执行功能。执行功能确保个体有能力预见后果、处理事情和解决问题，确保个体的行动、行为、语言、规则和目标协调一致，促使个体启动、停止或是转变想法和行为。执行功能会监督后续的其他认知功能，促使个体制订计划和策略，做出相关决定，其作用类似足球教练或是乐队指挥。有趣的是，对这一大脑工作过程的概念化始于20世纪60年代的工程学研究，并日益与计算机技术密切关联，会使用诸如信息处理、网络等表述（艾西尼亚格斯，安德森等，2013）。

很多时候，研究人员发现，如果大脑某一区域出现问题，由该区域主导的技能就会受到影响。著名的菲尼斯·盖吉案例就属于此种情况。盖吉是

19世纪的铁路工人，铁钎击穿了他的头部，导致其大脑额叶（位于头骨前部，眼睛上方）受损。受伤以后，盖吉变得很不靠谱，而且为人粗鲁无礼（帕金，1999）。事故之后，大家都说他"变化很大，朋友和熟人都说他'不是以前那个盖吉'了"（奥迪斯科尔和利奇，1998）。事故之前，盖吉工作效率很高，待人友善，事故之后，他总是很不耐烦，整天骂骂咧咧、无法控制自己的行为。通过盖吉的经历和其他研究，神经精神病学家认识到，大脑额叶负责主导执行功能。说到常见的执行功能障碍，精神病学家想到的往往是无法完成多任务处理和复杂项目、无法制订计划、缺乏组织能力。然而，由于执行功能负责协调认知的许多不同方面，一旦执行功能出现问题，几乎认知能力的各个方面都会受到影响，包括其他认知功能：注意力、学习能力、记忆力等。如果执行功能受损，个体在完成日常行为和过程方面可能不会受到太大影响，但会很难学习新技能或是应对突发状况。

认知功能的另一方面与注意力有关（美国精神病学会，2013年）。有关注意力的认知技能使得个体可以专注于某件事情，不受外界其它刺激打扰。世界每时每刻都充满了无穷无尽的刺激：想法、感受、声音、情绪、光线，这些都会同时发生在我们身边，我们从中选择针对哪些刺激物予以关注，并忽视其余刺激物。你在阅读本书时，可能会专注于书中的文字，但也可能同时想着待办的事情，比如感到饥饿，听到外面的声音，或是注意力有所分散。有时，我们能选择自己专注的对象，有时，则会由于感觉的强烈程度而不自觉地注意到某些事情，比如骨折引起的疼痛。一般情况下，个体要有充分的注意力才能达成目标，否则，我们会不断受到外界影响，无法取得任何进展。有注意力缺陷的人可能要用更长时间才能完成工作，而且会出现较多错误，或是在此过程中无法忽视外界影响。

认知功能的另一个方面与学习和记忆能力有关（美国精神病学会，2013年）。当然，这些能力让个体得以记住过往经历和学过的知识、认识他人并学习技能。但是，记忆是一个复杂的多步骤过程，始于学习。首先，个体必须能产生记忆，其次，个体必须能储存并调取记忆。记忆本身也分为不同类别。我们可以把记忆分为短期记忆（即几秒钟的记忆）和长期记忆（较长时间的记忆）。同时，我们也可以根据记忆对象——事实、事件、技能——来对记忆进行分类，比如说第三任美国总统的名字、昨天晚饭吃的什么，以及如何骑车分别属于事实记忆、事件记忆和技能记忆。常见的学习和记忆问题包括学习障碍、不断重复某种行为或是在完成任务时经常需要提醒。有关事件记忆能力受损，最著名的案例之一是一位名叫 H. M. 的患者。为了解决经常性发作的癫痫，他接受了手术，却导致他完全记不住任何发生在自己身上的事情。

除了执行功能、记忆力、注意力，认知功能还包括语言能力、行动能力和理解社会的能力。为了帮助你更好地理解认知功能各个方面的相互作用，我们举例说明一下。假设盖瑞需要通过各种认知功能来完成一个任务，比如说，发表演讲。首先，当盖瑞决定应邀发言时，其执行功能就开始发挥作用。然后，他制订计划、为演讲做准备，也是执行功能在发挥作用。当他开始撰写讲稿，语言功能确保他的语言合乎语法和句法标准，文字通顺。盖瑞必须利用社会认知来判断听众希望听到的内容、判断哪些笑话适合在此场合讲述。接着，盖瑞决定把讲稿背下来；为了把文字转为记忆，他必须利用认知功能中的学习功能。在此过程中，盖瑞要发挥其集中注意力的能力，以免在学习过程中被外界噪音干扰。演讲当天，盖瑞必须抵达演讲地点并走上讲台，这时发挥作用的是感知和运动能力。

认知功能的每个方面都可能受到诸多影响，从而导致在工作中出现不同类型的问题和怪异行为。在本章中，我们将会讨论细节控、注意力缺陷人群、糊涂蛋（认知功能减退的人）、变身怪医（因药物滥用而认知功能显著受损的人），以及这些人可能在职场导致的问题。但是，我们要注意，认知功能障碍通常不会仅仅只导致一个问题甚至是一个认知能力方面的问题。各项认知功能相互关联，对彼此的各种信息处理方式都会产生影响。

追求完美的强迫型性格——细节控

你是否曾在精心设计、条理清晰的提案中有过完美的创意？精心准备之后，你把提案交给了领导，却被一而再、再而三地要求做一些无谓的修改和调整？领导没完没了的各种要求让你感觉裹足不前。"表格行距得调整一下，图表要用不同颜色，顺便把边距调整半英寸！"当然，我也遇到过这种情况。简直要把人弄疯了。对方不断地质疑你，抛出一个又一个问题，不停要求各种数据，反复要求你解释早已说过无数遍的事情。你感觉自己被对方的控制欲绑架了。而且，不幸的是，对方会对你的项目结果产生很大影响。这就是典型具有强迫倾向的"细节控"（The Bean Counter）！

我有一个自小就很要好的朋友叫莫莉。我们经常去对方家里玩，关系非常好。问题在于我完全无法理解她妈妈，我猜莫莉也是。她妈妈在家里收集了各种奇奇怪怪的东西，那些东西在我看来就是废品，但对她妈妈来说显然意义重大。屋子里的报纸已经堆到了房顶，我们必须绕过报纸才能坐到沙发上。我们玩的时候，她总是不离左右，还总问一些奇怪的问题。她保留了各种各样的本地报纸，上面可能有一些说不定哪天就想再看看的故事；各种购物小票也从不丢掉，总觉得说不定哪天就需要用作购买证明。而且，她把这些报纸和小票都按出版日期或购买日期排好了顺序。因此，她的报纸堆成了山，抽屉里也塞满了各种小票。尽管如此，她绝不允许我们把东西弄乱，就算我们想把沙发上的靠垫拿下来搭城堡，她也肯定会表示反对。每次去她家，我都会看到她在列待办事项清单。要是我们帮她做些杂事，她也总有一些非常古怪的要求，比如，要求我们从杂货店买完东西回来，把所有罐头按颜色分类。

现在我明白，莫莉的妈妈是强迫型人格。有人认为强迫型人格的人都非常整洁，但实际上有强迫倾向的细节控既可能有严重洁癖，也可能邋里邋遢。他们可能会不停地清扫或是不断地收集各种东西。很多时候，像莫莉妈妈一样，强迫型人格的人身上会兼具洁癖和邋遢的一面。但是，不管这些人的家里或是办公室表现为什么状态，他们都很难做到顺其自然。他们总是固执地坚持自己的一套，而且总想掌控事情的每一步进展。

第一种广为认可的强迫性表现与宗教有关。当时人们称这种症状为"顾虑"，甚至现在宗教性强迫症也被称为顾虑强迫症。1730年，圣·阿方索思·李吉古利（Saint Alphonsus Liguori）将其描述为"由于错误的观念而毫无根据地担心违背宗教戒律"（泰勒，2002）。天主教圣徒罗耀拉·圣依纳爵（Ignatius Loyola）这样描述自己的宗教强迫症："我总是有一种念头，觉得自己违背了戒律，但另一方面，我并不认为自己触犯了戒律。但是，我心绪始终不能平静，有点儿怀疑，又有点儿相信，这可能就是顾虑吧"（泰勒，2002年）。这些人的表现之所以被界定为强迫性思维，是因为他们会毫无理由地产生有关宗教的想法和疑虑。这些有关违背戒律的疑虑往往伴随进行宗教行为或仪式的冲动。

最终，精神病学家对宗教行为之外的强迫性行为也产生了兴趣。实际上，早期的精神分析学家很喜欢研究像细节控这样的强迫型人格。弗洛伊德将强迫症状描述为无法消除的想法。他认为强迫型人群一般非常整洁，为人固执、生活俭朴，喜欢囤积东西（布雷尼和米隆，2008年；戈登，2010年）。弗洛伊德认为这种问题源自教养过程中的冲突，尤其是在如厕训练中的冲突（戈登，2010年）。1903年，法国精神病学家皮埃尔·加内特（Pierre Janet）在其书中描述了严重的病态强迫症状，即这些人不仅会不由自主地担心，还会"在行动和感知上追求精确或完美"（皮特曼，1984年）。在他看来，强迫型人群是完美主义者，他们优柔寡断，缺少情感表达（曼希波，艾森等，2005年）。威廉·瑞驰（William Reich）称他们为"行走的机器"，他认为这些人始终致力于保持控制（柯蒂斯，1991年）。

细节控的基本特点

强迫型人格的问题在于"无法放手"。有时是某些想法令他们耿耿于怀（例如宗教强迫症），有时则是具体的物品（例如莫莉妈妈的报纸）。"强迫"是指想法或冲动反复侵入个体的思维。强迫型人格会特别在意细节，总是希望能按某种方式妥善整理——即使整理完后并不整齐。实际上，强迫型人格对某些事情紧抓不放、喜欢收集和整理的习惯经常会影响其效率和整洁度。他们是只见树木，不见森林。

每个人都会偶尔出现一些挥之不去的强迫性念头，比如谈恋爱、初为父母或准备跳伞时。在这些情况下，我们可能会过于关注某个念头、某种担心或是某个人，这些想法会不断地浮现在我们心头，这都很正常。但是，真正的强迫性人格障碍也很常见。据估计，1% 至 8% 的人曾被确诊为此种障碍（曼希波，艾森等，2005 年；布雷尼和米隆，2008 年；美国精神病学会，2013 年）。而且，似乎男性的患病率要高出一倍。很多研究人员都认为此种障碍是最常见的人格障碍，同时也是损害最小的人格障碍（穆德拉克，2004 年）。在考察此类障碍时，我们不应忽视西方文化对逻辑和实用主义的重视，至少是启蒙运动以来的西方文化（麦克·威廉姆斯，2011 年）。有趣的是，有研究认为，近年来这种人格障碍呈现弱化或减少的趋势（戈登，2010 年）。

和自恋一样，适度的强迫性思维有助于增强适应力。注重细节的人能够准确、利索、条理地完成工作。有序地分步完成工作，无疑能让个体在工作中更为高效，而谨慎遵循每一步骤，则有助于减少失误。但是，当强迫性格发展到严重程度时，我们就会发现，他们不仅仅是小心谨慎，而是过分关注整洁、追求完美和控制感，往往会导致高度焦虑。另一方面，这些人缺乏变通，不能接受他人意见，犹豫不决，效率低下。他们会有意避免与攻击性、性欲或需求感产生关联。和其他问题人格一样，他们的强迫性思维会影响到其社会功能，而且有时会产生严重影响，从而影响倒生活的方方面面。他们过度关注条理性，以致无法达成目标。拿莫莉妈妈来说，虽然她已经把所有小票按日期整理排序，但由于需要查找的小票太多，需要退货时她可能永远也找不到真正需要的那张。退一步说，即使找到那张小票，和退款相比，大堆小票占用的空间和查找所花的时间也可能非常不值。

细节控的种种奇怪言行皆是因为他们需要控制生活中的不确定性。他们总是不停地制订各种计划，以免发生任何意外。他们会尽力通过各种法律、规则和约定来实现条理性。他们尊重权威和等级制度，喜欢按部就班、循规蹈矩，希望保持稳定、维持安全感，但常常会感到不知所措，感觉孤单、愤怒、害怕，有负罪感和内疚感。细节控追求极度完美，却反而导致其无法成功，尽管他们的生活目标和自尊来自于成功。他们常常毫无原因地感到忧虑，甚至忧虑地过了头。

有趣的是，细节控很享受这样的生活。保持对局面的控制是他们绝对认同并充分执行的生活哲学。这种喜欢将生活中的一切保持某种固定方式的做法与强迫型人格障碍有关。与之不同的是，强迫症患者会因此而感到痛苦。这两个名称和诊断看似相近，但实际上，二者在潜在思维、感受甚至治疗办法等方面都有显著不同。强迫症患者会无法克制地反复冲洗、检查、计算或是承认错误，但也因此感觉非常痛苦；他们本身并不一定想做这些事情，但却感觉不得不做。强迫症患者常常因这种矛盾而寻求治疗。相比之下，细节控则可能只有在其行为对身边人造成困扰、在职场和人际关系中遇到问题，或是产生焦虑或抑郁情绪时才会寻求改变。否则，他们情愿维持原本的强迫性状态。

皮埃尔的故事：第一部分

我曾应邀为一位名为皮埃尔的机械工程师做咨询。皮埃尔工作时细致准确，然而，尽管他对自己制造的精细产品引以为豪，他也清楚地知道，这种力求完美的压力让他总是焦虑不已，社交生活也非常受限。他感觉自己总是想把事情做得完美无缺，而且极其喜欢关注细节。皮埃尔在工作上表现不错，人们都觉得他是那种埋头苦干、精益求精的人。不过，大部分时候，他的这些习惯并没有引起大家的注意，团队成员也很欣赏他的工作。但是，他很难与他人合作，而且，从未获得真正重大的晋升或奖励。

尽管皮埃尔十分谨慎细致，追求完美最终还是让他陷入了大麻烦。由于某些他永远无法真正理解的原因，他的一个项目一度出了大问题，有几人因此受伤。这不是他的错。他的计算非常精准，只是结果不好。他们进行了多次根本原因分析，也对程序作了微调，但最终并未发现有任何重大失误……只是，由于项目失败，皮埃尔的一切生活都变得不正常了。随着时间流逝，大家早已淡忘了这回事，皮埃尔除外。他焦虑万分，不停地回想自己的每一步行动，因为担心存在未发现的错误而无法完成项目。他睡不着觉，人也瘦了很多，每时每刻都若有所思。这次事件之后，皮埃尔几乎无法展开工作，因为他太过纠结流程中的细节和每一步的潜在风险。

我认为他就是一个细节控。和典型的细节控一样，他过度追求完美，以致影响到了工作效率。即使是在那次项目失败事件之前，皮埃尔也很难与他人合作。他每天上班都早来晚走，在项目中的工作基本上都是独自完成，他只能依靠自己。皮埃尔认为这是好事，因为他做不到把工作分配给其他人，他坚信只有自己才能准确地完成所有工作并保证质量。这样显得有点儿傲慢，但皮埃尔当然不是故意如此。他喜欢这样的生活，喜欢这种感受。任何失败都可能导致他难以想象的焦虑，哪怕把一件事情交给别人去做，他也会不停地担心对方是不是做得合适。他经常认为别人完成的工作糟到不行，总是自己从头再做一次。他在工作中投入非常多的时间，往往是同事的两倍，而这对他而言不算什么，因为如果他没完成工作就回家，说得好像他的工作有真正完成过一样，他会整晚辗转难眠，不断地在心里盘算尚未解决的问题，思考尚待完成的工作，想着是否有必要再检查一下已完成的部分（有没有不小心忘了什么？），一条一条地思考万一出错会导致什么问题。而第二天一早，他上班时会更加焦虑和激动——同时也精疲力竭。

之前，公司也给皮埃尔安排过团队项目，但他都做得不太好。皮埃尔不适合团队合作，因为他总是会反复纠正团队成员，大家因此都疏远他或是感觉很生气。不然，他就会自己完成整个项目。当然，也有人喜欢和他搭档，然后袖手旁观，等着项目奇迹般完成。尽管皮埃尔不喜欢别人将他的劳动成果占为己有，他对此也不是特别在意。毕竟工作完成了，而且没有人碍事。

因此，最终，在很多人抱怨之后，上级不再给他分配任何团队项目，而是给他安排他能独立完成的工作。尽管他总的来说为人不错——顶多有点焦虑——却无法和他人顺利合作。他成了公司里受人重视的"细节男"。领导们为此兴奋不已，觉得自己找到了一种方式，既能让皮埃尔在不需要与同事合作的情况下保持心情愉快，也能保证工作效率。这一安排在一段时间内很是见效，直到皮埃尔的重要项目出了问题，而这回，他无法再责怪别人。

细节控是如何形成的

和很多细节控一样，在皮埃尔小时候，父母对他要求非常严格（艾斯克达尔和德梅特里，2006 年）。爸爸妈妈都对他抱有很高的期望，仿佛他们对皮埃尔的爱完全取决于他的成就。但是，当他实现父母的目标时，他们并没有对他表示支持，而是总是要求他要"成熟"一点。当他真的有所成就时，他觉得自己只是满足了父母的期望。在这个强调服从、权威和整洁的家里，他尽力表现完美，以免受到指责。如果达不到父母的要求，爸爸妈妈的反应就会让他感觉内疚和不自信。他发现，不管自己多努力，都很难取悦他们。家里的总体氛围让人感到愤怒和不友好，而且家人经常因为是否尊重的问题发生争吵。慢慢地，皮埃尔像父母一样，开始对自己有了无尽的期望。如果事情不够完美，他就会感到巨大的压力。他没有形成足够的安全感。强大的压力和吹毛求疵的环境让他害怕不完美，害怕面对不确定。我们看到，细节控的这些特质是为了追求完美、保持控制，以保护自己免受父母的指责和惩罚。他逐渐明白，遵守规则是赢得父母认可的最佳方式，并将这一观点应用于其他人际关系和生活中的其他方面。他学会了通过保持稳定性、熟悉度和一致性来求得安全感。

皮埃尔最成功的时候其实是在大学时期。他发现，只要注重细节、全面分析，交上冗长的作业并附上详尽的索引，自己就可以获得教授的青睐。他偶尔会晚交作业，因为怎么做都无法达到自己想象中的效果。但他似乎总是能用自己翔实的论述给打分老师留下深刻印象。大部分课堂作业都是要求单独完成，而且他考试成绩也不错。但是，大学毕业以后，由于项目要求灵活性、自发性和团队精神，他遇到了很多问题。而且，不断变化的工作环境也让皮埃尔感到难以适应。

不同类型的细节控

办公室里的细节控可以说是无处不在。坦率地讲，我一开始都不知道该讲谁了。最终我意识到，这是由于我几十年的职业生涯中要么是在治疗细节控，要么就是被细节控包围。由于细节控很常见，我遇到过很多这种类型的患者。而在医疗行业这种高度重视遵循规则的行业里，我注定会遇到这样的同事。和我们讨论的其他类型性格一样，强迫型人格也分各种类型。两种主要的亚型是敌对型细节控（the Hostile Bean Counter）和隐士型细节控（the Hermit Bean Counter）。

敌对型细节控：严以待人

敌对型细节控最容易让人感到讨厌。他们要么无法分配任务给别人（而且会这么说！），认为只有自己才能妥善完成工作，要么在分配任务后不断纠正和控制每一个细节。他们似乎从一开始就想保持控制。办公室同事会把他们称为"控制狂"，谁也不喜欢他们事无巨细都要过问的工作方式。敌对型的细节控喜欢做出一副高人一等的姿态，原则性很强，如果认为出现问题或是与其目标不符，尤其是如果有人想控制他的工作，他们常常会生气或是爆发性惩罚他人。他们可能会喋喋不休地谈论为什么自己的处理方式最好、最有效且最高效，会不惜一切代价坚持自己才是对的。他们可能会指责别人不像他们一样"这般在意"。

在展示自己对某项工作的理解时，敌对型细节控会显得尤为啰唆。他们本意是想展示自己逻辑性强、非常聪明，但实际上却很啰唆、吹毛求疵，而且非常教条。他们可能会就一些微不足道的事情，例如报告上曲别针的位置，发表长篇大论，严肃程度不亚于讨论报告正文。开会时，他们会记下大家说过的每个字。他们对别人对其工作的指责（或者是玩笑！）非常敏感，但是，在生活的其他方面，则可能没有这么傲慢或是精细。为了在职场中占据控制地位，他们可能会不留情面。即使他们在很多领域取得成功，他们那种总想控制一切的特质早晚会带来麻烦。他们总是非常严苛，不断要求别人修改已完成的工作。"你怎么就不明白这东西有多重要？你得做完，你得准确地做完！弄清楚算法并不难：你去看看我草稿3B的附件，都写得清清楚楚的。我就不明白，为什么每个人都这么不尽心！重做！"如果产品大获成功或者质量很高，敌对型细节控的工作也许会受到重视，但因无法顺利与他人合作，他们会招致不满和担心情绪，并导致团队合作不力。他们注意不到或者是不在意自己的行事方式带来的潜在副作用，只是一味沉浸于当下目标达成的满足感之中。如果有人尝试指出他对其他人的影响，他们肯定会长篇大论地辩白一番，包括列举各种站不住脚的所谓事实和细节。

我就听人说过这么一位敌对型的细节控——一位令人感觉不可思议的运营主管。他把公司的每一分钱都当成是自己的一样对待。他会因为数十亿美元的账目中有8美元的出入就把会计训得掉眼泪。新来的经理们很快就明白，除非已经有了完善且切实可行的业务方案、已经完成尽职调查并在运行良好的类似项目模拟过这些方案，否则还是把业务点子扔进垃圾桶里为好。

还有，如果无法保证投资回报，公司为什么要负担启动资金？除非你拿着现金来找他，否则他不会冒任何风险；当然，因为公司架构的限制，谁也不可能这么干。

这么一来，这家公司几乎停滞不前，只是一味重复以前的老路，从未开展任何新业务，因为这会让这位敌对型的细节控感觉极不自在。经理们表面上讨好他，但尽量避免与其进行业务交流。交给他的报告返回时总是一片红色的修改痕迹，再交上去，再返回来改，再交，再改。当你改好了内容，他就会不停地挑剔你各种语言细节。不管是哪个方面，他都觉得不够好，或是完全不对。这只是内部报告而已！大家都不明白，为什么要花这么多时间在这些细枝末节上，要知道这些东西最终只会整齐地摆在他办公室的文件夹里。

公司业务照常运转，但最终他死板、吝啬的经营战略开始导致公司利润缩水。公司设备老化，而竞争对手都在投资最新式的产品。他总是说，"要是没坏就不用修"。面对公司下跌的利润，他唯一的反应就是吼叫别人，然后继续紧缩开支、裁减人员。每个人都感觉自己陷入了困境，心怀不满，六神无主。从内部晋升的新任 CEO 上任后，认为只有他才充分了解并能管理好这家公司，因而赋予了他更大的权力，导致情况更为恶化。

随着公司逐渐出现赤字，新任 CEO 辞职离开，公司从外面聘用了一位新的 CEO。不到一年，她就发现了公司问题所在，解雇了这位运营主管，并把他的工作重新做了安排。不到 5 年，公司就开始大幅盈利。陪公司挺过这场风暴的员工印象最深刻的是，新任运营主管几乎毫不费力就完成了这位前主管的工作。尽管前任主管会进行多次修改，但这些修改和对细节的关注几乎是零产出。同时，许多多年不受重视的员工表示，很多本应由前任主管完成的工作根本没有完成，因为他认为这些事"不急"。尽管公司向这位前任主管表示可以支付一年的遣散费，他却没要这些钱，而是在 6 个星期之内就在另一家公司找了一个差不多的职位。凭借此前几十年的工作经历，他可以轻松地找到任何工作。于是，他又用其强迫型性格去迫害另外一群人了。

隐士型细节控：严于律己的思想者

隐士型细节控和皮埃尔一样，会在办公室里默默地追求完美。他们可能不会表现出明显的控制欲，而是会表现在一些细微的方面。实际上，他们可能待人有礼而随和。当一切正常时，他们能尽力控制自己的焦虑。但是，任何一点问题都可能导致他们突然心慌意乱，不顾一切地只想纠正自认为出问题的地方、赶上似乎赶不上的期限、避免丢掉工作或是失去他人尊敬。即使表面平静，这些杞人忧天的家伙也总是时刻小心潜在的危险：任何表明事情未能按其计划进行、他会辜负他人期望的迹象。他们总是怀疑自己，希望别人认为自己绝对服从。"你确定吗？……这样可以吗？……你介意吗？"他们希望得到别人的认可和指导，总是担心自己会受到羞辱。他们会在脑海里不断地权衡利弊。

这些人无时无刻不在担心。随着事态发展，他们的焦虑不断升级，甚至无法开展下一步工作。即使是简单的决定也可能会把他们逼疯。他们也许不太会计较某些事情，比如回邮件或是电话，因为他们正忙着做自己的事情。他们总是想说："要做的事太多了！"他们可能会浪费大量时间在无关紧要的细节上，由于自我怀疑和担心，导致项目更难完成。他们犹豫不决，浪费很多时间，只为了为下一步做准备。为了避免做出错误的决定，这种性格的人会情愿不做决定。在选择之前，他们希望一切都是"完美"的，这显然不可能。当他关起门来躲在自己的"疯狂实验室"，你可能会觉得，"他这么久在干什么"？！实际上，他可能一直在把地毯铺平，按字母顺序整理去年的各种收据，或是因为要发给同事的邮件拿不定使用哪种字体而犹豫不决。

如果隐士型细节控在工作时被人打扰或是有外部因素干扰到其工作，他们也可能会生气。但是，他们害怕别人发现自己生气，因此会避免与人产生冲突，或是避免任何情绪表达，因为这样显得很"失控"。隐士型细节控很容易感到尴尬，他们非常担心不被别人认可或是遭到拒绝。他们把愤怒深埋内心，负疚感反而越来越重。他们可能会一再道歉，当然，肯定不会承担责任或是有任何改变。"电邮？抱歉，我还没跟进。我事情太多了。真的很抱歉。"和皮埃尔一样，他们单打独斗最好，但是，尽管有这种明显的倾向，他们也会抵触本来应该由别人完成的"额外"工作。他们会在办公室待到很晚，只为了等大家都离开后清理干净，重新做一遍自己的工作，再确认第二天的一切都已准备妥当。

隐士型细节控在面对变化和不确定性时常常感到焦虑，根本原因是担心自己被解雇。他们总是设想最坏的情况。有时候，不管事出何故，恐惧都有可能占据上风。对有些隐士型细节控来说，由于担心自己犯错或是已经犯了错，他们会焦虑地四处收集"证据"、证明老板马上就会炒了他。这就是细节控和多疑性格难以区分之处。随着他逐渐把自己推向不利的一方，他会越来越肯定自己的担心是有根据的，"那天你这么说的"或是"你用那种眼神看我"。他可能会鼓起勇气去质问经理或是给人力资源部门打电话，讲述自己不堪一击的工作环境。尽管上级一再向其保证不会解雇，这种担心被解雇的焦虑情绪却仍然占据他的心头。领导由此产生的挫败情绪反而成了他眼中领导针对他的又一证据。这就是恶性循环！这种情况下，随着越来越多的人被卷入，越来越多的时间浪费在处理这些问题上，隐士型细节控已经不只是烦人，而是对整个办公室产生了破坏。除非有什么事情可以"重启"整个进程，否则这种局面可能会对办公环境非常不利。

我接待过一位患者，是一位年长的金融顾问，有严重的精神抑郁。他不只是细节控，还有间歇性的抑郁症状。和皮埃尔一样，他的工作记录良好，投资合理谨慎，客户都非常满意和安心。可是，有一次，他给客户的投资建议出了差错。他遵循了自己久经验证的投资准则，但这次的市场反应并不好。他为此越来越感到心慌意乱，于是索性冻结了投资，只因担心自己会做出错误的决定。渐渐地，他不敢碰任何人的钱，整天待在床上，不去上班。他吃不下、睡不着，无法专心思考，无精打采，平常的休闲活动也提不起精神。这对他来说简直是耻辱，他无法面对自己竟然会犯错这个事实。他觉得自己快要死了，因为他觉得自己得了肠梗阻（其实并没有），想象着自己最终会爆炸身亡。鉴于其严重的抑郁症状，我推荐他去接受电惊厥治疗，同时服用抗抑郁药，以使其心情尽快好转。同时，我们也进行谈话治疗，目的在于缓解其对既有损失的悲伤情绪，促使其在做出选择时更为灵活变通。通过这些干预措施，他的生活变得更为舒适，甚至可以说整体上大为放松。

职场中的细节控

由于细节控的很多特质，如果是适度的情况，这些特质在职场被视为优点，起初他们往往会很受重视。这些人一般会从事法律、会计、编程工作或是其他基于某些规定的工作，这样，他们感觉自己能掌控局面（柯蒂斯，1991 年）。他们在工作中显得井井有条，非常敬业，有责任心，注重细节。谁不想要坚守标准、勤奋工作的员工呢？在职场中，细节控常常被人视为工作狂（穆德拉克，2004 年）或是所谓的"A 型人格"。

但是，随着他们接手的工作越来越多，承担的责任越来越大，他们的同事会逐渐意识到这些特质对工作效率的负面影响。接手团队项目和涉及互动的项目后，这些人很难让他人为其分担工作。数据显示，尽管他们非常敬业，但在实际工作中并未完全发挥出其能力（福海姆，2007 年）。并且，虽然他们愿意加班且工作勤奋，很多时候，他们似乎并不喜欢自己的工作。细节控可能会花很多时间来制订清单、分类、整理，但实际上没有完成任何任务。他们的办公室或者工位可能异常整洁，但也可能由于不忍丢弃任何东西而导致桌上堆满东西。在需要制订和实施计划时，他们可能会显得犹豫不决。在同事眼中，除了生气时，他们一般都举止端庄、品行端正、态度恭敬。

细节控往往不愿意放下工作去休息，甚至可能拒绝休假。休息时，他们会感到极度内疚。由于人们随时都可以通过电话或笔记本电脑查看工作邮件、进行电话会议，这种把办公室与生活其他方面混为一谈的现象在现代社会尤为突出。对细节控来说，工作狂倾向会导致压力、职业倦怠和跳槽。由于他们非常重视掌控其工作，职位或办公室的任何微小变化都会让他们感觉不知所措。因此，他们很难适应快节奏的环境，或是可能在公司发展或转型期适应不良。在涉及创造性、自发性和灵活性的工作中，比如在会议上发言或是现场解决问题，细节控常常表现不佳。他们经常无法按时完成任务，尽管每天工作很长时间，却可能显得拖拖拉拉。常见的问题是他们对控制的追求导致其无法实现期望的结果。

如果领导是细节控，还会导致办公室内整体氛围的猜忌和冲突。即使身居要职，他们也很难把工作分配给别人。同时，他们可能会设定各种不可思议、他人显然无法达到的标准。尽管他们追求条理性，细节控的老板往往无法恰当地安排和组织工作或是制订计划。作为下属，细节控则可能会在与上级的交流中表现出好胜心切（斯特恩，罗森鲍姆等，2008 年）。细节控经常会觉得那些获得晋升的同事还不如自己做得好。他们可能会不停地询问自己是否被"允许"做某些事、是否一切顺利，或是希望别人协助其做出决定。细节控在各个层面都专注于规则和程序。他们往往不愿意向他人求助，甚至会直接拒接他人的帮助，而且很难与团队合作。

我们可以想象，细节控的这些行为不只出现在办公室。除非细节控的另一半能容忍这些特质，否则像他们这样长期加班、固执僵化，又不能忍受挫折，人际交往中会出现很多冲突。因为他们很容易在某一时间段内过分专注于某个领域，往往会忽视生活中的其他方面，比如人际关系或是其他应尽义务。性生活和休闲活动尤其容易被忽视。

如何与细节控相处

既然细节控希望在生活中追求控制，和他们打交道的一大原则就是要让他们感觉自己掌控了局面。与其打交道的各种技巧都是围绕消除疑虑、帮助其区分幻想和现实、减轻焦虑来进行。同时，要避免直接质疑其对细节的关注。

在和细节控的交往中，关键是要认识到，他们并不觉得自己有任何问题。要知道，他们可是在尽力追求完美！很多时候，如果有人建议他们改变，他们会长篇大论地挑剔相关标准或是指责给出建议的人（贾巴德，2007 年）。总而言之，最好的办法——如果可能的话——是要表现出对他们奉献精神的理解和重视。夸大其词地描述你在某一项目中投入的精力，尽量显得尽职尽责，也许能让他们不那么事必躬亲。最好不要与其就细节争辩（以免其更过分地介入），相反，要与其就后续工作安排达成一致。

同样，你可能会觉得上述策略很难实行，因为你很可能觉得问题出在他们身上。迁就他们是为了避免出现更坏的情形，避免其控制欲影响到整个办公室。想想看，他们实际上焦虑万分，这也许会对你有帮助。大部分情况下，你只是在帮助他们克服对不确定性的恐惧。可能的话，如果他们信心受挫，可以提醒他们不要苛求自己。为免其情绪井喷，尽量记下他说的话，遵循他们的指示，（至少表面上）完全同意其计划。即使他们自己做不到，他们也可能因为你整洁的工作空间和有条不紊的工作而对你的效率和细致大为钦佩。

如果你们就某些事情出现分歧该怎么办？既然细节控的基本行事方式是追求风险控制，有一种非常好的办法就是让他们感觉自己能控制任何局面。假设办理报销时，经理刁难你。你只想报销费用，他却说你花了太多钱，指责你未能准确估计成本，说自己不确定能不能给你报销，完全无视是他自己同意购买的。假设你并没有过分超支，那这种局面显然非常恼人。你该怎么办？本能反应可能是针锋相对地和他核对数据、解释说这些支出都是合理的。你可以以缓和的方式说出来。但是，如果你能认同经理的逻辑，比如承认准确估算成本确实很重要，就有可能减轻他的焦虑。这么一来，你就和经理站在了同一阵线，毕竟，你花钱的时候是指望着能报销的。这种方法让你报销成功的概率可能更大。而且这样一来，他可能会较好地评价你的工作能力，最终你能拿到的报销可能会比和他争执具体数据来得多。

如果你无法做到宽宏大量地"帮助"经理控制局面，那他很可能会没完没了地要求你解释这些支出。而你不得不咬紧牙关，盼着这件事赶快过去。还是那句话，问问你自己，为什么要这么麻烦。只要你认同他的逻辑，就能得到最好的结果。这事说起来令人气愤，但有时候事情就是这样。想想你在政府机构排队办事的时候。有的人站在队伍里，明知道自己会等上很久，但想到自己是来办事的，就会在队伍中耐心地等候。有的人则烦躁不安、牢骚不断，一直处于愤怒之中。这两种人最终都会抵达窗口。有些事我们无能为力。除非你打算彻底离开。

和任何谈判一样，最有力的谈判筹码就是抽身离开的能力，尤其是身为下属。如果你能暗示细节控领导，你不想因为他能给你的东西而有所妥协，对方就会担心你就此离开（导致事态失控！），从而有可能软化态度。当然，事情并不是总能这般如意。

如果你的领导是个细节控，有一些技巧会非常有用。这些技巧也适用于与其他强迫型人格的交往，但在与不能灵活变通的领导打交道时尤为有效。如果你能不断向细节控显示你已经明白他们要求的那种细致和完美程度，并且每次都能满足他们的要求，他们的焦虑感也许会有所减轻。绝对不要食言。只承诺你确实能完成的任务，以免扰乱细节控精心安排的计划。其他要点还包括约会守时、遵守时限。如果你确实犯了错，就要勇于承担责任；如果不是你的错，也要避免过分为自己辩解（或是指责细节控的计划）。最重要的是要避免与其纠缠细节。这种方法也有助于尽可能地避免破坏等级制度。要尊重细节控领导的权威，不要越过他们向上级报告，除非确有必要。如果你确实不得不向更高级别的领导求助，一定要避免让细节控产生你在质疑其权威的想法。

与其他性格类型不同的是，由于细节控尊重等级和权威，上级领导确实能对细节控产生一些影响。循规蹈矩的本性使得他们有可能因为上级要求而改变其行为。关键是要理解问题所在，并指导其做出适当的改变。要让细节控反思其工作过程（修改次数过多、工作时间过长、晚交工作）而非工作质量（否则会加剧其不自信）。最好能向其指出有待改善之处，但不要指责其追求完美而导致效率低下，否则会导致其变本加厉地追求完美。同时，与上级接触过多可能会令人感觉痛苦，因此，为员工配备督导体系，比如安排每周一次的咖啡会议，也许会有助于向其提供补充建议、鼓励其参加社交活动（朗安－福克斯，库珀等，2007年）。和隐士型细节控共事时，鼓励他们拒绝自己不想做的工作、有意见直说，或是不随大流，会帮助他们得到很大解脱，前提是他们能处理好自己的焦虑情绪。

当你发现细节控下属越来越焦虑时，如果能对其加以安抚、帮助其区分现实和想象，可能会对局面有所帮助。你可以直接向其指出失败乃成功之母。同时，你得对他们在工作中的良好表现以及对细节的关注予以认可。"别担心编辑的事了。在我心中，你还是重视项目、勤奋工作的员工"。记住，他们的自尊取决于满足别人的期望。向其明确说明当下的问题并不会导致其被解雇，或许有助于减轻其焦虑程度。他们在某种程度上会因为规则和制度而感到宽慰，因此，让其结合实际考虑一下自己担心的最坏结局是否会成为现实，这样也许会有帮助。当她战战兢兢地来向你坦白自己犯了错，只因不知道近期有评估，以为自己会丢掉工作的时候，你也许可以说："玛格丽特，你不知道也情有可原。不知道评估确实很有压力，不过你没道理因为这个就担心会被解雇。"一开始，她的反应可能不会太好，因此你可能得再加一句："你知道还有谁错过了评估吗？有谁因为这个丢了工作吗？我觉得这个根本就没关系。"用事实向他们说明现实和想象的区别，这点非常重要，而且很有帮助，尤其是在这些人表现出不同寻常的压力时。尝试分散其注意力，比如说给他们布置另外一项紧急任务，有助于让其恢复工作状态。但是，任何方法都只能暂时减轻症状，尤其是隐士型细节控，他们总是能很快发现另一个天塌了一样的危机。

如果你有细节控型员工，可以给他们安排需要高度关注细节、结构清晰的工作任务,同时"奖励"他参与一些休闲活动,比如下班以后和同事小聚、健身房锻炼等。甚至可以考虑鼓励或是强制他们休假,让其远离工作一段时间。由于细节控天生缺乏条理性、效率低下,休息和放松常常会让他们感到不自在,但考虑到他们对权威的尊重,上级鼓励可能对他们来说意义重大。公司组织的休闲游、聚餐等活动也有助于帮他们找到合适的娱乐活动。

如果初步尝试不成功,细节控反复对工作环境造成不良影响,那你可能得采取更多措施。如果细节控确实影响到你的工作进展,你应该尝试和对方说清楚这点。有时候,设定明确的时限可以将细节控从其死板的一套流程里"拉"出来。"嘿,我必须准时把这个东西交上去,而且得等你的部分做好我才能把整个交上去。"有时,他们可能只是希望有人推他们一把。帮助他们做出决定,也许会非常有效。"别担心 X 的问题。我觉得如果你能集中讨论 Y 问题就非常好了。"

但是,如果细节控让你感到寸步难行,对你的请求充耳不闻,你最终可能得找级别更高的领导或是人力资源部门来解决此事。针对细节控的更为正式的干预手段五花八门,包括短期压力管理建议、正念觉察减压疗法、短时间认知疗法以学习如何恰当地评估风险、长期心理动力学治疗。幸运的是,细节控的这些特质在经过专业的精神健康治疗后会有所改观(曼希波,艾森等,2005 年)。当然,和其他治疗式干预一样,关键是细节控本身要有改变的意愿。

对整体办公环境进行干预,比如提供休闲机会、不鼓励加班等,可能会对细节控以及其他员工有所帮助。调整细节控的工作,将其调离需要创造性、自发性的职位,分配其从事需要注重细节、遵守规则、涉及数据或政策的工作,可能会非常有帮助(福海姆,2007 年,朗安-福克斯,库珀等,2007 年)。有远见的领导或许会愿意与细节控搭档,以免自己被细节所困、无法放飞梦想。细节控有可能非常善于制订协议或是分析数据,尤其是在分配给他们的具体某项任务中。如果以上这些措施在你的办公环境中都无法实现,而你又确实因细节控而不胜其烦,你可能得认真思考一下这份工作是不是值得了。

皮埃尔的故事：第二部分

皮埃尔来找我，是因为他发现自己总是不由自主地想到死亡，因而担心自己的安全。他确信自己并没有自杀倾向，也没有自伤的意图或打算。但正视死亡的念头，而且只有死亡的念头，才能让他从自己对失误的纠结中有所解脱。这是为什么？皮埃尔一生都坚信自己是个细致、专注的优秀人才，认为自己可以控制一切。他不断地制订计划和目标清单，逐步、系统地完成计划、实现一个个目标。通过浏览清单、实现目标，他会感觉很宽心。因此，他想不通自己怎么会犯错。他的这种方法一直以来都没有出过任何问题，但这次失误让他突然有了失控的感觉。他无法理解这个世界发生了什么变化，无法判定自己在其中的位置。现在，他不知道自己会遇到什么事，对他来说，整个世界都颠倒了。

当然，皮埃尔来做治疗，其实是想要知道自己为什么会犯错以及如何防止再次犯错。他来找我咨询的动机是为了变得更加完美。我带他回顾了整个思维过程，包括他的一次又一次决策，让他描述那些自认为已失去控制的事物。想到自己近期的无能表现，他几乎有点歇斯底里。他觉得自己的生活就是一场幻象，整体意识摇摇欲坠。还有什么东西是自己可以控制的吗？最终他发现，只有死亡才能让他找到这些问题的答案。只有死亡，才能让他接受自己无能为力、无法做出任何决定的事实，才能让他获得平静。

认识到这种看法的病态性后，皮埃尔恍然大悟。在我们的讨论中，他认识到，以死亡来追求确定性荒谬之至。他明白自己还没有充分享受人生，怎么能就此放弃自己和家人的未来。他学会了偶尔认可我们有时候只能束手无策，学会了接受生活中的有些事情就是不由人控制。最终，他开始了漫长但是必不可少的学习过程，学着原谅自己，学会放手，学会尽力但不为结果纠结。我们没有去尝试回答他为何会犯错，而是专注于思考为什么犯错会让他陷入如此绝望的境地。他渐渐明白，其实，追求完美一直是不现实的。多年以后，他会想起自己曾经"过得那么辛苦"，开玩笑说自己居然想控制天气。他变

118

得更加爽朗、风趣，个人生活和工作表现都大为改观。他在工作中一如既往地表现出色，只是不再抱有不切实际的期望。我们试着让他学习满足现状、不要时刻追求达成某种目标。慢慢地，他开始喜欢上了艺术和音乐，甚至喜欢上了幻想。

皮埃尔紧绷到了一个极点，然后才开始放松。如果做不到这一点，在与强迫型性格、追求控制的人共事时，我们要设法避免他们求全责备。问题在于，细节控在办公室里几乎是无处不在。而且，正如上文提到的，他们常常会担任超出其能力范围的职务。

与细节控相处的有效措施

- 避免直接质疑或是争论其注重细节的特点。
- 认可其敬业精神，同时强调自己的贡献。
- 记录细节控给出的修改建议，以供提交"修改版"工作成果时引用。
- 很多时候，认可细节控的逻辑有助于让你们站在同一阵线，从而实现你期望的结果。
- 不要承诺能力范围之外的事情。勇于承认错误，避免为自己辩解。
- 适当向上级求助也许会有帮助，因为细节控往往更愿意接受上级的指示。
- 评价细节控的工作时，要强调出错很正常，并指出追求完美可能会影响其工作质量。
- 当细节控处于严重焦虑状态时，直接消除其疑虑、帮助其区分现实和想象可能会很有帮助。
- 可能的话，安排细节控从事需要注重细节的工作，并明确规定要求和期限。
- 在极端的情况下，可能有必要进行正式干预。

多动与拖延相结合的多动型性格
——注意力缺陷症

我上大学时有一位朋友非常出色，多才多艺：他会熬夜打鼓、没完没了地写短篇小说，也熟知各种历史典故。但他也是重度拖延症患者，和人交谈时总是漫不经心，时常找不到钥匙。他极其聪明，却总是拖拖拉拉。每次我完成作业时，他才痛苦万分地刚刚开始。

注意力缺陷的基本特点

近年来，明显的注意力缺陷（Diagnosable inattention）得到很多关注，主要原因有二：一、用于治疗注意力缺陷的成瘾性兴奋剂类药物有时会被滥用；二、这些药物经常被用于儿童患者。虽然目前对注意力缺陷的治疗方法还有很多争议，但早在 18 世纪，医生们就已经注意到了注意力缺陷的问题（朗格，雷齐尔等，2010 年）。19 世纪时，德国医生海利希·霍夫曼（Heinrich Hoffmann）就在《坐立不安的菲尔》（*Fidgety Phil*）和《望着空气的强尼》（*Johnny Look-in-the-Air*）这两个故事中描述了注意力缺陷的表现。菲尔总是一刻也坐不住，他的家人甚至怀疑他"能不能有一次安静地坐到桌旁"。故事的结尾，菲尔打翻了桌子，场面非常混乱：妈妈"皱着眉头、烦躁不安"，爸爸"脸色很难看"，菲尔"感觉难过而丢脸"（霍夫曼，1999 年）。在《望着空气的强尼》这个故事中，霍夫曼用同样细致的观察和描述详细地描写了强尼的故事：他走路时光顾盯着燕子看，结果掉进了河里。"可怜的强尼一头栽进了河里！"由于无法集中注意力，菲尔和强尼两人都遭了殃。

这些人的问题在于无法集中注意力：无法持续专注于一件事。专注一度被视为一种美德，在某些神经生物学研究看来则是一种与生俱来的技能。在正式的精神科诊断中，这种集中注意力功能受损的情形被称为注意缺陷多动障碍，简称 ADHD。以前人们认为这种障碍只会出现在儿童时期，但现在的观点则认为此种情形往往会延续至成年，虽然很多时候只有一些难以察觉的症状。实际上，5%~10% 的儿童患有注意缺陷多动障碍，而据估算，2% 的成年人也有此种障碍（萨多克，2000 年；美国精神病学会，2013 年）。据说，这种障碍在非西班牙裔高加索人、失业和离异人群中比较常见（科斯勒，艾德勒等，2006 年）。令人震惊的是，男性的注意缺陷多动障碍患病比例是女性的两倍（美国精神病学会，2013 年）。但是，即使在 18 世纪，亚历山大·克里奇顿（Alexander Crichton），第一位描述注意缺陷多动障碍表现的医生，也发现，其实每个人都会有注意力不集中的时候（朗格，雷齐尔等，2010 年）。但是，对于注意力缺陷人群来说，他们会一直面临无法长时间集中注意力的困扰，并且这种困扰会严重影响其表现。

有注意力缺陷的人很难集中注意力。他们经常会粗心犯错，无法专心听讲，很难按照指示完成任务，总是一副杂乱无章的样子，经常迟到、健忘、丢三落四。和故事中坐立不安的菲尔一样，注意力缺陷人群往往坐不住，很难保持安静或是耐心等候。他们常常会干扰别人。注意力缺陷的具体表现可能会逐渐变化，但有一些特征自儿童时期就一直存在，并延续到后来的各个时期，包括上学、工作和家庭生活中。

马克的故事：第一部分

马克是一家大型公关公司的创意顾问。在他弄丢了几个大客户后，公司找我来给他做治疗。他干这行没多久，但是，从一开始就给人留下了深刻的印象。面试时他来晚了，但凭借热情友好的沟通，他还是打动了公司的合伙人。入职以后，他还是那样，经常迟到，但总能让大家眼前一亮，而且入职没多久就签了几个客户。但是，大家很快发现，他总是不能信守承诺。于是，公司让我看看是否有什么办法。

他准备的文件里到处是拼写错误，办公室里乱七八糟，而且总是无视上级的要求。他经常答应在下班前完成某项工作，随后却忘得一干二净，上级为此哭笑不得。他常常一下班就走人，完全忘了跟进自己答应的工作，只留下上级目瞪口呆。知道自己很多事没完成，他会坐在办公室里看着成堆的待完成事项，急得不知所措。由于不知道该从何开始，他干脆就不去动手。另外，他总是还没完成手头的项目就急急忙忙地开始下一个项目。

他把工作重心都放在了销售上，因为做销售很考验临场发挥，他很清楚自己的魅力和活力在这方面很有优势。马克很容易吸引到潜在客户，通过蓝图规划和信心满满的承诺，让客户几乎以为他无所不能。随后，他却会因为缺乏条理的展示、四处乱放的文件或是不能按时完成任务而失去这些客户。他的名声给公司造成了负面影响，导致公司客户流失。大家为此都很苦恼。

和马克交谈后我发现，他其实非常勤奋，也很喜欢这份工作，并且有非常出色的创意。但是，由于注意力缺陷，他无法集中精力完成任务。他的父母、老师、朋友以及现在的领导都知道他这个缺点。他自己也很清楚，而且为此非常痛苦，但不知道该如何改正。

注意力缺陷是如何形成的

说到注意力缺陷，很多人一下就会想到指责教室环境或是父母的教育方式，但实际上，有研究表明，大约60%的注意力缺陷是先天形成的（萨多克，2000年）。导致这一问题的可能因素还包括出生体重过低、母亲孕期接触烟草（美国精神病学会，2013年）。很多人在幼儿期就已经出现了多动症的表现，但很难与这一年龄段的正常行为区分。典型的注意力缺陷多出现在4至12岁（美国精神病学会，2013年）。由于小学生完成课业需要集中注意力，在这点上，注意力缺陷人群会比同龄人较为困难。随着年龄渐长，注意力缺陷人群多动的特点往往会逐渐减轻，但始终难以集中注意力。

马克上学以后，老师发现他过于活跃，一刻也坐不住，就连做他喜欢的游戏时也不例外。他讨厌做作业，经常弄丢作业，即使做了也满是粗心大意的错误。父母给他买了记事本，帮助他列清单和提醒事项。他们还限制他带那些可能会丢或会忘的东西，尽力帮他专注于手头的事情。但是，他的种种行为总是让人们忍不住发脾气，比如说，他曾经接连丢了三个正畸保持器。他还总是说起来没完，喜欢打断别人说话，即使老师叫其他同学回答问题他也总是抢着回答。人们管他叫"劲量兔子"，说他就好像电力十足的劲量电池一样，不管是说话还是行动，一刻也不停歇。当然，他也不能好好排队。不管任何时候，只要有什么东西引起他注意，他就会立刻放下手中的书、游戏或是项目，转身而去。人们常常因为他的行为而感到困扰。

渐渐地，他的一些行为确实有所改善，但还是一副坐立不安的样子。有的老师觉得他是懒惰、粗心，但也有老师注意到了他的创造力和出众的解决问题能力。他看似懒惰，并不是他不肯努力，而是无法集中注意力。他经常自责，觉得自己这样不好。

马克非常沮丧，觉得父母和老师都误解了自己。最终，这种感觉影响了他的自尊。他认为自己什么都会，客观地说，他确实很聪明，但人们似乎只揪着他做不到的事情。好在他很有礼貌，也注意到大家都对他很友好。因此，他把很大一部分精力放在了发展社交技能上。个人魅力掩盖了他无法专注的缺点。利用这些社交技能，他得以在人们未发现其注意力缺陷之前升学或求职成功。而学校和工作中的某些环境似乎使他的注意力缺陷更为恶化。

不同类型的注意力缺陷

并非所有注意力缺陷人群都有注意缺陷多动障碍。很多人只是不够有条理，不懂得如何分配时间，或是有拖延的习惯。当然，我们偶尔都有注意力不集中的时候——比如新恋情、家庭纠纷，甚至是隔壁播放的电视节目都可能让我们走神。我这里所说的注意力缺陷人群是指那些存在持续性注意力问题的人们。

兴趣是帮助人们集中注意力的一个主要因素。也就是说，如果我痴迷于手头的事情，我就可以长时间专注于这件事，而且一般能把这件事情做完。当然，现在这方面最著名的例子要数奥运会游泳名将迈克尔·菲尔普斯了。他曾服用兴奋性药物，被确诊为注意缺陷多动障碍，最终却赢得了 23 枚金牌。对于他热爱的游泳事业，他显然是可以长时间专注的（巴伦，2010 年）。但是，如果一个人对某个事情没有兴趣，他就有可能很难保持专注。

大部分注意力缺陷人群的主要问题在于缺乏条理性。大多数情况下，一旦遇到大项目，其他小任务或是非紧急工作就被推到一边，所有时间和精力都用在这个大项目上。这个大项目也许能按时完成。问题是，这样一来，所有的小任务全都堆了下来。由此产生的恐慌很快取代了项目完成带来的满足感。还有很多邮件和电话没有回复。一度视为小事情的工作现在也变成了紧急事项；分配工作的人可不觉得它们无关紧要，而且，他们早已等得不耐烦了。几百封未读邮件和散落桌面的文件让人不知所措。该从何处下手？

注意力缺陷人群可能每天都会出现这种延误情况。即使是重复性的工作，由于缺乏条理，他们也总是无法及时完成，每天都下班很晚。我记得有一个可悲的医科实习生，每天都要搞到半夜才完工。他的同事们 5 点之前就已下班，但他就是不行。尽管有全国性条例规定了住院医师第一年的工作时间，而且大部分实习生都为此欢欣鼓舞，他还是无法准时下班，因此，实际上违反了这些规定。他毕业于一家常青藤大学，医院因为他要来做住院医相当兴奋。

但随着患者和同事因他而不断受挫，他成了镇上的话题人物，名声一落千丈。除非是急诊，否则他可能要等上好几个小时才会处理你的请求。一旦遇上急诊，他就会好久也回不过神儿。

由于他学历出众，毕业于名牌大学，人们一开始觉得他是不是过于追求完美以致影响了工作效率。但是，检查他的工作后，人们发现他实际上无比马虎。他抽血时会忘了要做的化验项目，不得不回去再给患者抽一次血。有时候，一天之内他就会出现两次这样的问题，给患者带来不必要的风险。他花几个小时才写完的病历一般只有一行，而且笔迹潦草、难以辨认。周围同事对他工作的唯一反应就是："他在干什么？""他是怎么想的？"

注意力缺陷人群往往在时间安排上不切实际，他们预计的工作时间总是比实际所需时间或长或短，因此无法妥善管理时间。再加上他们经常丢三落四、说东忘西，又很容易走神，经常会在一天结束的时候觉得自己一事无成，永远赶不上进度。压力导致他们更加难以专注，而杂乱无章又进一步加剧了压力，最终形成恶性循环。

与我们已讨论过的其他性格类型不同，注意力缺陷人群一般不会由于其人际交往方式而造成直接冲突，他们对自己最严苛。他们自己备受困扰，也对别人造成困扰。因此，人们可能会对他们发脾气，但却感觉不到他们的愤怒，可能只会感觉到他们的内疚和自责。如果强迫他们在其自觉不可能的时间内完成任务，他们也许会生气，但这种情况一般不会导致严重的人际关系矛盾。然而，由于注意力缺陷人群性格冲动，有时候，他们会难以抑制其愤怒和其他情绪。不过，对他们来说，情绪爆发不是什么大问题。他们常常会在事后为此感觉抱歉并表示歉意。

如果事情乱到一定程度，我知道有人的收件箱里躺着 10 万多封邮件，注意力缺陷人群可能会专门花一段时间来整理事务。他们可能会用一周的休假时间来整理和归类，桌面上堆积了几个月的文件终于清理一空。这会给他们带来很大的满足感，而且他们会发誓从此一定要保持整洁。一段时间内，他们的待办事项处理得很快，任务也能及时完成，但随着事情越来越多，他们就会无法坚持下去，再次变得拖拖拉拉。

有时候，注意力问题与身体状态有关。我记得我怀着儿子的时候，经常走到屋里三四趟才能想起来我是要去做什么。荷尔蒙分泌的变化、压力甚至是衰老都可能使人越来越缺乏条理性。我们可以想象，即使是在这些情况下，平时时间管理高效、条理清晰的人们也不会像原本就存在注意力缺陷的人一样痛苦。

职场中的注意力缺陷人群

研究表明，存在注意力缺陷的人在工作场合会导致严重问题，包括导致自身及同事的挫败和失望情绪（毛，布拉姆斯等，2011 年）。遗憾的是，人们往往认为这些人懒惰、缺乏责任心（美国精神病学会，2013 年）。存在注意力缺陷的人们遇到工作事故和工伤，包括车祸的概率，要高于平均数据（莱恩，贝克等，2009 年；库伯，卡维克等，2012 年）。站在雇主的角度，关键是要知道，这类人的医疗支出和缺勤率会高于其他员工（斯尼克，斯文森等，2005 年）。他们辞职或遭解雇的可能性也更大，而且会频繁更换工作（哈尔平，2005 年；斯尼克，斯文森等，2005 年）。此外，他们可能人很聪明，但在工作中却发挥不佳。即使他们完全有可能成功，他们也不太可能追求晋升或是新机会，因为他们太清楚自己的短板了，觉得自己肯定会失败。

但是，我们要认识到，这些人虽然不适合从事重复性工作，却擅长需要创造性和自发性的工作（库伯，卡维克等，2012 年）。他们可能是出色的"创意者"。因此，有趣的是，如果有行政助理或秘书帮他们处理某些事情，有些存在注意力缺陷的人会在智库或是高级职位表现出众（阿达木，阿里夫等，2013 年）。如果这些人除了注意力问题还有其他认知或智力缺陷，他们显然会遇到更多困难。

如何与存在注意力缺陷的人相处

存在注意力缺陷的人经常感觉很无助，灰心丧气。他不是故意不专心、给你找麻烦，他自己的日子也不好过。我有一位朋友，人很优秀，也很有实干精神，但一直找不到工作。尽管他对课程的理解可能比任何人都更透彻，但他总是晚交作业，每次都是在不得不交的时候才交上尚未完成的作业，因此，教授看不到他的才华，他的学业成绩不太好。毕业后，他也曾经找到很好的工作，却因为无法按时完成工作或是效率太低而错失机会。他有很多价值数十亿美元的构想，却无一不停留在起步阶段，再无进展。他的支持者也不再给他投资，他们还是会鼓励他继续自己的项目，却不愿由于他的杂乱无章而继续损失资金。有一次他哭着给我打电话，说他非常、非常喜欢自己的工作，但由于效率低下，很快就要被解雇了。最终，他找了个网络开发的工作，只需要偶尔交一次任务就能养活自己。这个工作对他来说显然是大材小用，他自己也很痛苦。作为朋友，我经常安慰他，却从未试图强迫他改变自己。我只是鼓励他，听他倾诉，给他提供建议和治疗方案，但他一直未能改变。

但是，在职场环境中，管理人员和同事可以通过很多技巧来为存在注意力缺陷的人创建一个有利于其开展工作的环境。尽可能为其创造成功机会，再加上一些改善条理性的基本措施，以确保他们能专注地从事适合其技能的工作任务。为他们分配工作时要注意，要给他们安排其可以完成且感觉良好的小任务，可以把一个项目拆分后一步一步地分配给他们完成。此外，为其安排一些需要发挥创造性的工作也有助于他们专心工作。如果职位允许，为其配备助理可以避免他们因为一些相对单调乏味的事务而忙得不可开交。

至于管理这种性格类型的人，如果上级吹毛求疵，常常会导致他们因焦虑而更加手忙脚乱。比如说，事必躬亲的领导就可能会因纠结于各种细节而令这些人不知所措（那迪尔，2005 年）。即使没有人施加压力，他们也会因为自己效率低下而自责不已。安排定期会议、要求他们汇报工作进展，有助于改善其工作表现。如果能每周固定时间召开此类会议，他就不太可能出现延误工作的情况，这能在很大程度上帮助他们学会守时。

有时，针对特定任务提供清晰的书面指示会很有帮助，尤其是在他们在时间表上安排目标和具体步骤的时候。同样，如果管理人员能解释一下自己是如何确定相关步骤优先级的，也会对这些人很有帮助。这对存在注意力缺陷的人来说是很好的示范，要鼓励他们采用类似策略并加以监督。一般来说，要尽量避免让存在注意力缺陷的人承揽能力范围之外的工作，应该确保其在开始新任务前已完全完成当下的任务。他们可能会贪多嚼不烂，因此，要以缓和的方式指导其将项目分割成一定时间段内能完成的一个个具体工作。与其讨论工作步骤时，一定要表达明确，要采用建设性的语言，设立可量化、可达成的目标（库伊吉，2012 年）。有时候，存在注意力缺陷的人野心过大，是因为他们想弥补之前的失误、以免让别人失望。在这种情况下，务必要告诉他们，分割项目并不是惩罚，而且整个项目（及其未来成果）仍属于他们。鼓励他们坦诚地说出自己所需的帮助（例如，需要有人每周检查其工作进展）。如果能让其帮忙决定如何分配项目工作，或是在接受新任务时决定如何分配之前的工作，也会令其受益。

通过优化空间布置、光线、温度，减少电视、广播、隔壁交谈等干扰因素，改善整体环境也有助于减少走神。工作位置应尽可能设置在安静的场所，远离走廊或其他干扰因素。用颜色区分不同信息、文件夹、贴有标签的活页夹、放置在附近的垃圾桶等桌面物品也有助于他们将物品摆放整齐。设置固定的"丢垃圾"时间，比如说临近周末的时候，也有助于帮助存在注意力缺陷的人在剩下的时间里专注于工作。有时，一些简单的干预措施，比如白噪音机器、降噪耳机、定时器、提醒、记事簿、相关 APP 等也会很有用（那迪尔，1997 年；阿达木，阿里夫等，2013 年）。桌面和墙面收纳装置可以帮助他们养成良好习惯。例如，在办公桌旁简单设置一个钥匙挂钩就可以免去他们每天找钥匙的慌乱。问问他们，针对办公环境进行哪些改变会对其有所帮助，这样可以节省费用，也很有效。

通过帮助注意力缺陷人群养成良好习惯和建立固定流程，他们会在你的帮助下变得井井有条，取得阶段性"胜利"，从而得以继续进步。任何能使他们产生哪怕一点点效率感和成就感的措施，都会使其有更大动力继续努力。存在注意力缺陷的人习惯性地认为自己无法做到条理清晰：比如说，对他们来说，期限和任务意味着可能会出现延误。在多次失败后，他们甚至不愿意着手安排工作。但是，一旦体会到及时完成工作的良好感觉，他们就会更有动力集中注意力。我们可以通过默默地示范条理清晰的工作方式来帮助同事、管理人员或是直接领导。让存在注意力缺陷的人对按照自己的节奏进一步学习这些技能产生兴趣，你就更有可能看到长期改变。因此，如果他们决心改变自身，你可以推荐他们接受有关时间管理、规划和工作安排的培训，这会带来真正意义上的改变（索兰托，马克斯等，2008年）。

如果他们无法自行改正且有寻求治疗的意愿，求助医生、服用兴奋性药物也是一种选择。兴奋性药物固然并非百试不爽，但如果是合格医生经适当诊断后开具的处方，以适当方式服用的话，还是能看到显著效果：比如，提高维持当前工作的概率（哈莫尔，法斯特等，2009年）。

一般而言，如果雇主能设法利用这些人的优势，同时避免其陷入无法完成或是无法快速完成的工作中，他们还是有可能维持稳定工作的。当然，有时候我们可能无法对工作环境或是期望值进行适当调整。如果上述措施都没有效果，那存在注意力缺陷的人最终可能得调换职位或是离开公司。但是，明确对其处境表示理解，做出灵活安排，为其提供井井有条的工作环境并示范良好行为，根据其能力分配工作，效果会很可观。正如前文所述，存在注意力缺陷的人会因阶段性胜利而受到鼓舞。只要他们对自己有信心、看到努力成果，他们就能有所进步，大家都能因此受益。

马克的故事：第二部分

见过马克以后，我知道，他现在和以前遇到的问题都显示他可能患有注意缺陷多动障碍。于是我让他去做了一个完整的心理和精神评估。评估包括一个电脑测试，测试时马克与一个动作跟踪系统连接在一起，这个系统会监控他静坐并关注屏幕上相关任务的状态。心理测试和另一位医生的临床评估都表明他确实患有注意缺陷多动障碍。他接受了药物治疗，此后，虽然还是会有点健忘，但是他在办公室和家里的表现都比以前好多了。

通过药物治疗，再加上下文提到的某些策略，他的工作效率大有改善。马克更喜欢自己的工作了。药物让他能更好地集中精神，但起初他还是觉得很难，因为他不知道该如何才能在工作中做到有条不紊。

幸好，公司愿意花时间和精力来帮助他，因此，一切大为改观。马克的领导和他谈话并列举了一些工作事项，询问马克会如何处理。他们很快就发现了马克的问题所在。他们从三个相对简单的小型项目开始入手，并约定了时限。然后，他们一起把项目分割成若干易于完成的阶段性任务。马克的领导甚至亲自给他制订了每天的任务清单，确保其切实可行。刚开始，马克不太乐意，因为这个清单上的任务看起来太简单了。但领导提醒他，他之前可是连最基本的任务都无法完成。

马克的领导还安排了每天两到三次"中期检查"，查看马克清单的进展。由于注意力有所改善，再加上这些明确的工作任务，马克顺利完成了每天的目标。很快，他就学会了重复性工作的技巧，更为熟练。随着马克的信心渐长，领导逐渐不再监督他。马克稳步学会了高效的工作方式。

刚开始，马克有时会感到不知所措，这时，领导就会和他一起分析其中的原因。久而久之，马克完全可以独立工作了。他对自己和自身能力更有信心，工作也比之前更为出色。领导最初投入了很多精力，但事实证明他的努力没有白费，马克成了真正对公司有价值的员工。

有效地与存在注意力缺陷的人相处

• 给其安排可行的小型项目，分割成阶段性的具体工作，提高其工作效率。

• 给其安排需要想象力和创造性的工作，提高其工作专注程度。

• 在避免事必躬亲的前提下，管理者要采用清晰、耐心、有预见性的管理方式。

• 避免让他们过多承揽责任，敦促其完成一项任务再开始另一项，必要时寻求帮助或是把工作指派给别人。

• 尽量减少工作场所干扰因素，设置辅助设施。

• 提供时间管理、规划和条理性方面的培训。

• 如果是严重的注意力缺陷，治疗和／或药物辅助也许会有帮助。

容易迷失自我的成瘾性格——成瘾者

我见过很多瘾君子荒唐而令人伤心的行为。作为医学生,我见过一个针对成瘾医生的治疗组。这些医生会偷取患者的药品,利用直肠给药设施灌注伏特加,甚至为了通过尿检而偷取病人的尿样。有的患者因为吸毒而抛下一切,抛家弃子,置事业于不顾。本节的原英文标题(Mr Hyde)取自电影《变身怪医》[1](*Dr. Jekyll and Mr. Hyde*),因为我们下文将要讨论的这类人在行为上的极端变化与电影中的变身怪医如出一辙。遗憾的是,由于成瘾问题非常普遍,几乎每个人身边都有这样的人。

识别和管理成瘾问题本身就是一个值得深入研究的话题,这方面我不是专家。通过精神病学的早期学习,我们知道,各类成瘾物质引起的中毒症状有可能类似任何精神障碍症状,因此,这些人会有各种各样的表现。这些瘾君子可能偏执多疑,可能注意力不集中,也可能脾气暴躁。我们发现,某些性格特点的人更容易出现成瘾问题,但是,瘾君子的外在表现并不唯一。实际上,在精神科诊断中,一般来说,首先必须排除相关症状是否因物质滥用而起的可能,才能确诊为精神疾病。

---

[1]《变身怪医》为美国电影,其中男主角杰基尔医生制造出了可以分离人性中善与恶的药物,并注射在自己身上。因此,他的身体里相当于住着两个人。当他的身体被恶的一面掌控时,他会变身为海德先生,四处为非作歹。

因此，我在本书中只会泛泛地讨论成瘾问题，希望能帮读者确定成瘾问题是否是造成职场人际关系困难的因素之一，或是问题所在。我会提供一些干预措施和建议；但是，如果你正面临这样的困惑，我建议你更深入地了解一下这个庞大的话题。

我们先来了解一些背景信息。关于使用精神活性物质的行为，不同时期、不同地方的人们说法各异。有人认为这是一种进步，也有人认为这是一种疾病；有人视其为道德败坏，也有人视其为宗教信仰；有人为此纵情欢乐，也有人为此痛苦万分；有人说这是习惯，也有人说这是自己的选择。人类学家发现，新石器时代的人类就已经开始饮酒（伯科威茨，1996 年），而史前时代的古希腊人早在公元前 15 世纪就已开始使用鸦片（阿斯基托普罗，拉姆萨基等，2002 年）。在现代社会，酒在天主教弥撒仪式中扮演重要角色。有的宗教团体会使用卡皮木，即一种会使人产生幻觉的植物。但美国历史上曾禁酒 10 年，并宣布弗洛伊德一度推崇之至的可卡因为违禁物品。

美国人第一次认识到成瘾的弊端是在 18 世纪晚期的禁酒运动中。这一时期，印第安人开始组成禁酒团体，医生本杰明•拉什（Benjamin Rush）和禁酒运动参与者呼吁设立戒酒中心（怀特，2007 年）。同时，人们原来认为成瘾是因为意志力薄弱。进入 20 世纪，人们则把药物滥用和社会经济地位较低的少数族裔联系在一起（萨弗尔，拉普兰特等，2012 年）。后来，20 世纪 70 年代到 90 年代，美国陆续通过各种法案，包括《工作场所禁毒法案》（Drug-free Workplace Act），显示了人们对职场成瘾问题的担忧（麦克，卡汗等，2005 年）。在禁毒运动中，很多人因物质滥用被捕入狱，这也是少数族裔大规模被捕的原因之一。但是，现在人们对成瘾问题更多地表现出一种同情的心态，积极寻求这方面的治疗方案。而且，导致成瘾的物质和行为种类也增加了。在有些人看来，饮食、性生活、上网都可能形成依赖而成瘾。

成瘾者的基本特点

我们无法用一种性格特点来描述变身怪医（即成瘾者）。但是，我们可以从"变身前的医生"（即出现成瘾问题之前的患者）身上找到他们不同于常人的特点。其中一点就是他们很容易产生不良情绪。成瘾者往往行事冲动、喜欢冒险。他们个性逆反，似乎缺乏毅力（弗洛恩，2013 年）。这些性格特点导致他们滥用物质并形成依赖的可能性更大。这些人喜欢追求新鲜感，比一般人更为暴躁好斗（萨弗尔，拉普兰特等，2012 年）。他们也可能无法妥善处理人际关系，缺乏自信，无法控制自身情绪。另一方面，一旦成瘾，他们也许会变得工于心计、狡诈、自私或是冷漠，因为他们一心只惦记着成瘾物质，已经顾不上履行自己的义务或是维系人际关系了。

不管是何种物质造成的成瘾问题（酒精、烟草、海洛因、可卡因），成瘾的本质在于无视这些物质对其生活的严重不良影响而继续使用。他们会难以遏制地想要酗酒、吸烟或是吸毒，这个念头在脑海中挥之不去。他们无法控制自己的行为，很多时间都用来寻找和吸食使用这些东西。一旦形成依赖，他们就很难戒掉，不管这个东西对他自己或是周围的人造成了多大的负面影响。物质成瘾最终会影响到人的情绪、思维和行动。

偶尔小酌一回对有些人来说也许没什么坏处。但如果形成酒精依赖，家庭生活、工作以及身体健康都可能受到影响。据估计，美国大约有 2500 万人存在药物使用障碍，而这一数据并未包括吸烟人群（萨多克，2000 年）。也就是说，美国 8%~10% 的 12 岁以上人口存在药物成瘾问题（凯叶，瓦迪韦路等，2014 年；拉斯提迦和芬格胡德，2015 年）。这一问题在男性中更为普遍，尤其是在年轻人、社会经济地位较低人群、印第安人以及高加索人中（凯叶，瓦迪韦路等，2014 年）。同时，并不是所有使用成瘾物质的人都存在成瘾问题：在酒精、大麻、可卡因和海洛因使用人群中，分别有 10%、15%、25% 和 50% 的人存在成瘾问题，生活因此受到负面影响（萨多克，2000 年）。成瘾者不仅仅是使用成瘾物质的问题，他们已经完全失去控制，忘记了自己的责任，导致危险后果。与物质成瘾伴随而来的往往是严重的羞愧和内疚感，因为这种行为破坏了成瘾者自身和周围人的生活。

成瘾者的内心世界往往与其看似冷漠的外表形成鲜明对比。他们也许会因为自己的所作所为而自觉一无是处，对自己的处境陷入绝望。他们也许会使用成瘾物质而导致中毒，但实际上他们可能一直在尽力抵制其诱惑，只是感觉自己无能为力。他们也许会拒绝别人，但实际上渴望得到他人的关心和帮助。与此同时，他们常常会觉得，"我能戒掉，我能控制自己。这是最后一次"。

视乎物质滥用的类型和频率，成瘾者在办公室的表现也各不相同。但有一点是共同的：开始物质滥用后，他们的行为表现和以前不一样了。他们开始完不成任务、迟到或是旷工，打着各种站不住脚的借口，一天、两天甚至很久都不来上班。他们可能会比以前更加反复无常，身边的人也许会发现他们经常与人争执或是遇到事故。他们还可能四处借钱或是抱怨身体不舒服，说自己恶心、头痛之类的。总体来说，他们的精神状态和情绪都会发生变化（卡鲁斯，莱特等，2014 年）。他们的外貌也可能改变，瞳孔大小发生变化，顾不上打理个人卫生，看起来邋里邋遢。你也许会看到他们浑身冒汗、哈欠连天，或是感觉他们呼吸异常。其同事、上级或下属可能会觉得，这人是怎么了？这是怎么回事？这预示着变身怪医即将完成变身：这是导致他们工作表现退步的最常见原因之一。

上文这段针对其行为变化的描述是本节的重点。关键是要关注他们在行为上的变化。他们有可能，至少在初期，会间歇性恢复正常。其他人会明显地注意到他们行为方式的改变。随着物质使用上瘾，他们出现的问题越来越严重、越来越频繁，最终就会像变了一个人一样。

迈尔斯的故事：第一部分

迈尔斯是一位建筑师。有一天早上，人们发现他穿着前一天的衣服睡在地板上，身边都是呕吐物。一个空的威士忌瓶倒在旁边的施工图上。这一幕极为荒唐，但实际上，这只是迈尔斯近年来问题行为的"最后一根稻草"。近一两年来，他的工作表现已经从可圈可点变得恶劣之极。

有天早上，迈尔斯的上级闻到了他呼吸中散发的浓烈酒气，于是把他叫到一旁询问是怎么回事。上级谈话很有技巧。他没有指责迈尔斯，而是直接告诉他，虽然他看着很正常，但浑身酒气，可能会令同事，尤其是培训生，感到不适。迈尔斯对此表示非常尴尬，承认自己前一天晚上和大学好友出去喝酒了。他说自己也没想到过了好几个小时还有这么明显的味道。迈尔斯感谢领导提醒他，保证不会再出现这种情况。

然而，几个月后又出现了这种情况，而且，迈尔斯依然表示自己很震惊。领导温和地告诫他不要养成酗酒的恶习；也警告他，如果再次浑身酒气或是醉醺醺地来上班，领导就会采取措施。

迈尔斯在工作中越来越频繁地出错，工作效率也大不如前。他不能按时赴约，经常赶不上时限。有一次，迈尔斯在会议上发言，大家几乎都注意到了他绯红的脸颊和颤抖的双手。他工作时脾气暴躁，经常生气。他不承认自己行为反常，反而在几个关系好的同事试图找他谈谈时开始疏远他们。他越来越邋遢，有时看起来就好像好几天没洗澡了一样。很快，迈尔斯开始在上班时无故离开几个小时，并最终发展到好几天不来上班。这时，他的上级给我打来了电话，问我该如何处理这种情况。他并不确定这是怎么回事，但他说大家都猜测迈尔斯可能有酒精成瘾问题。迈尔斯回来上班后，我和他的上级见面讨论了一下应该如何进行干预。

成瘾者是如何形成的

生物学因素、家庭环境、性别期待、性格以及其他因素，包括对不同成瘾物质的看法，都导致某些人更容易出现成瘾问题。如果家里有人使用成瘾物质，在这种环境下成长起来的人们更有可能出现成瘾问题：一方面是由于先天遗传，一方面是由于环境影响。实际上，针对成瘾问题的成因，先天原因占了大约50%，另外50%则是生活经历（弗洛恩，2013年）。如果父母一方有成瘾问题，就可能出现对儿童照顾不周、虐待儿童或是家庭环境混乱的情况，从而增加出现成瘾问题的风险。无法忍受压力的儿童和青少年在这方面的风险更高。当然，青少年时期初次使用成瘾物质有可能是因为希望融入同龄人的"同伴压力"。90%的美国高中毕业生都喝过酒，其中80%有醉酒经历，60%曾使用违禁药物（萨弗尔，拉普兰特等，2012年）。但这些数据并不一定代表问题行为的严重程度。在美国，21岁的人群喝酒和使用药物最多，过了这个年龄之后逐渐减少。但是，有些人不仅没有减少饮酒或药物使用，反而形成了物质使用障碍。

在某个时刻，随着酒精上瘾，迈尔斯会无法控制自己的行为。物质成瘾后，追求自信、逃避痛苦、甚至是追求高效或强大的自我感觉对使用者来说变得十分重要。他们使用成瘾物质是为了追求或达到平静或活跃、正常或兴奋、清醒或眩晕、温暖或有归属感的状态。为了实现目标，他们会越来越多地使用成瘾物质，但随着其身体和心理逐渐适应这些物质，他们会日益难以达到自己追求的境界。这种使用量逐渐增加的过程称为耐受性形成。他们在潜意识里否认使用成瘾物质给自己造成的不良影响，从而继续使用。他们并不觉得有什么问题。

迈尔斯起初只是偶尔在社交场合喝一点酒，后来却发展到了在订婚仪式后追着未婚妻要酒。他想通过喝酒来忘记发生的一切，而且，起初时这种感觉很好。在酒吧一位朋友的推荐下，他开始服用一种药片，能让他产生醉酒的感觉，但上班时不会有酒气。随着他对酒精和药片的依赖日益严重，他的工作表现也越来越差。他越来越频繁地喝酒，吞下越来越多的药片。很多时候，他都是在喝酒、嗑药或是处于宿醉状态。久而久之，他总是难以抑制地想要喝下更多的酒或是吞下更多药片，最终开始在办公室里喝酒，甚至开车前还要喝。

在物质成瘾之前，这些人的大脑实际上已经发生了显著变化。不论药物能引起哪些心智或情绪变化，成瘾性药物都与快感有关。控制追求享乐的大脑区域受到了破坏，他们不断追求更极致的快感。他们会慢慢地感觉到有些事情不如以前那么有意思了，成瘾物质也好，以前的追求和爱好也罢，只能通过使用成瘾物质来追求稳定或是改变心情，或是单纯不想感受戒断症状。

不同类型的成瘾者

我不想把成瘾人群分成特定类型，因为，我还是想强调，成瘾可表现为任何症状。和其他性格类型一样，有一些有成瘾问题的人会表现得极为好斗，但也有一些人沉默寡言。就个体来说，他们可能会在使用某种物质后异常活跃，使用其他物质后则较为平静。因此，他们在工作场合出现的主要问题是反复无常的行为方式。也有一些人只在周末使用成瘾物质。每周初期，他们可能都会有点反应迟钝，这是因为他们尚未从成瘾物质造成的影响中恢复。这些人也可能越来越暴躁易怒，因为他们迫切地希望再次使用这些物质。也许这两种情况都会出现。有人每天都会使用成瘾物质。由于他们使用成瘾物质非常频繁，出现在你面前时可能都是在这些物质的影响下，因此，你也许要很长时间才能注意到他们工作表现的退步。有的人使用成瘾物质过于频繁，随着耐受性逐渐提高，使用量越来越大，工作上很容易就会暴露问题。

关键还是要注意行为方式的变化，可能是一段时间内，也可能是一天之内。

一旦发现成瘾问题，干预的效果取决于这些人对自身问题的认识以及改变的意愿。

职场中的成瘾者

成瘾者在工作场所会导致严重问题，因为成瘾问题的关键特点就是会妨碍患者履行义务，会严重影响其工作表现。他们会对其所在单位经济效益和人际关系造成很大影响，因为60%~70%的成瘾者都在全职工作（埃德沃思，2009年；弗洛恩，2013年）。他们使用成瘾物质的时间各不相同，有的是上班前，有的是下班后，有的是在工休时间，甚至有人在上班期间使用成瘾物质。近年，一家在全美范围开展尿检的公司表示，大约3%的测试样本都显示有使用违禁药品（弗洛恩，2013年）。

成瘾物质中毒无疑会影响到人们的工作能力，但由此造成的相关症状，比如宿醉、崩溃、工作时老想着获取这些物质以及中毒后无法工作，也同样会对其工作造成影响。存在物质滥用问题的员工请假时间是其他员工的两倍，出现工作事故的概率是其他员工的三倍（罗伯茨和小法隆，2001年）。每年，美国因物质滥用导致工作场所效率低下而产生的损失预计达到800亿美元，大部分都与饮酒有关（罗伯茨和小法隆，2001年）。成瘾人群所在单位会面临效率低下以及员工频繁流动或遭解雇的问题。公司还需负担由于物质滥用引起的工伤事故补偿以及相应的医疗和保险费用（西法诺，2005年）。例如，有研究发现，酗酒和员工补偿金正相关（麦克，卡汗等，2005年）。

有些职业的人，如飞行员、音乐家、艺术家、运动员等，可能会为了达到理想状态而使用一些所谓的"表现改善"药物。他们可能是为了保持清醒、增强肌肉或是激发创造力，但这些物质也可能导致成瘾问题。此外，有些较为宽松或是压力过大的工作环境可能更易出现有成瘾问题的员工（麦克，卡汗等，

2005 年）。餐饮业和建筑行业的成瘾人群最多（斯拉维特，雷根等，2009 年），艺术行业、娱乐行业、销售行业、客房服务和运输业的成瘾人群也很多（弗洛恩，2013 年）。某些工作和其容易获取的特定类型成瘾物质之间也存在联系，例如，麻醉师可能会滥用止痛药，服务员可能会酗酒（弗洛恩，2013 年）。

如今，很多工作都是依靠计算机在网上完成，人们容易养成依赖互联网的习惯。于是，人们开始关注网瘾话题。最近的一项调查表明，人们上班时间上网时，40% 的时间用于购物、发邮件、看黄色电影或是其他与工作无关的活动（格里菲斯，2010 年）。虽然针对网瘾是否是和药物或酒精成瘾一样名副其实的成瘾问题还有争议，但它无疑是一种会影响工作效率的强迫性行为。当然，工作时需要持续浏览互联网的情况不在此范围。在讨论网瘾时，我们指的是与工作内容无关的上网行为。实际上，据估计，2004 年，与工作无关的上网行为导致的效率低下造成大约 540 亿美元的损失（扬和凯斯，2004 年）。虽然越来越多的机构开始设置上网监控设施以限制上网时间，无处不在的智能手机却令这个问题难上加难。

人们普遍认为，工作压力过大会导致员工更易出现酗酒和物质滥用行为，尤其是在工作影响其家庭生活时（弗洛恩，2013 年）。此外，工作压力也与员工工作时间不当使用互联网有关（陈，高等，2014 年）。工作要求过高、薪水过低、内容无趣、工作场所骚扰或暴力等都可能导致员工出现物质滥用（弗洛恩，2013 年）。

但是，有趣的是，如果物质成瘾者有稳定工作，这往往表示他们有能力中止成瘾行为（凯叶，瓦迪韦路等，2014 年）。而且，在工作场所针对成瘾问题进行干预最容易见效。即使是非常短暂的一对一谈话也可能减少员工饮酒量，从而节省机构在这方面的潜在支出（沃森，戈德弗雷等，2015 年）。人们对针对重度成瘾者的更为复杂、具体的工作场所治疗方式进行了研究。近期有研究表明，在依靠互联网工作的地方为相关人员提供计算机技能方面的培训，并在其尿检阴性时支付费用，可以为治疗长期成瘾行为提供有效支持。

同时，这也可以解决就业问题（斯沃曼，王等，2005 年）。此外，对于对成瘾者目前工作能力未产生直接影响的物质成瘾，比如抽烟，允许其继续工作也有助于其戒掉这些物质。可以通过劝告或威胁降低医疗保险费用的形式来帮助对方改变其成瘾行为（卡希尔和兰卡斯特，2013 年）。

如何与成瘾者相处

如果你怀疑某人有成瘾问题、想要帮助他，最好的办法是从一开始就坦率地对其表示关心。你可以直截了当地说出自己的怀疑和分析。与其谈论此问题的最佳时机是在发现可能由物质滥用造成的明显问题行为之后立即进行，就像上面提到的迈尔斯的领导那样。他们很可能会有各种借口，或是顾左右而言他，但这并不代表你不能在对其表示理解的同时友好地质疑对方，比如说："那你怎么解释这个，还有这个，因为我看到……，我想听听你的解释，或者你觉得有什么办法可以改变。"如果提问的方式不是特别尖锐，即使对方不会立即同意，他最终也可能会回来找你，希望你能帮他摆脱困境。记住，除了否认物质使用，他们往往还会显得十分愧疚和自责。因此，他们也许希望有人能给他们一些建议，但不要对他们过于苛责。即使他们在你提出质疑后很快离开，看起来很不高兴，这种质疑也可能起到作用。另外，不管你多么同情他们，很多时候，他们都会对你的质疑表现出很大的敌意。对于成瘾者，以及任何人，其行为是否能改变取决于其改变意愿。

如果你能和对方就其物质滥用问题进行谈话，一定要明确要求对方改变其行为（拉斯提迦和芬格胡德，2015 年）。鉴于你们是同事关系，谈话的重点要放在工作本身，而不是所使用的成瘾物质。要通过具体事例明确指出物质滥用行为对其生活的不良影响。可以对其表示同情，但一定要坚定地鼓励和要求对方改变其行为。如果领导能直接向其出示有关工作表现下滑的证据，并与其之前的工作表现进行对比，这会对局面很有帮助。尽管成瘾物质可能已经严重影响甚至毁了他们的工作，他们可能对于这点并没有你看得清楚。要让成瘾者意识到他们需对自己的行为负责，但可以表示你愿意帮忙。例如，你可以帮忙寻找治疗方式、帮其请假以接受治疗或戒断，或是对其进行鼓励、提供支持。谈话之后要为其提供可以求助的地方，例如员工帮助计划或是公司外部的专业人士。总之，不要错失机会，一定要让他们立即行动起来，开始改变自身行为。

有的单位制订了严格的工作场所禁毒制度，可以及时发现物质滥用行为。只要有理由认为有员工有物质滥用行为，他们就可以"因故"进行有关药物和酒精的检测。存在物质滥用行为的人可能会被要求参与某种形式的康复治疗，才能继续从事其工作，并且，恢复工作后，他们必须与单位签订协议、同意接受监督和随机检测，一旦再次出现物质使用行为，就会面临被解雇的风险。此类内部制度必须符合法律规定，制订制度时应征得了解相关信息的人力资源专业人士的协助。

物质成瘾者面对质疑可能会百般抵赖、撒谎骗人，因此，你要准备好处理自己的愤怒情绪。记住，他们很会误导人，很多时候，他们可能自认为没有任何问题。你也一样有可能被其误导。他们受到一种强烈的冲动驱使，想要继续使用或恢复使用成瘾物质，因此，他们并不是故意要骗人。在与其商定各种规定和违反规定的后果时，态度要坚决，并且要把你们的谈话内容和达成的一致方案做好文字记录。成瘾者需要严格约束，不仅是针对其物质滥用行为，也包括日常行为，如按时出勤、不要拖拉、禁止早退等，对他们的要求甚至可能要高于一般员工。如果怀疑员工存在物质滥用行为，可通过"因故"药检和酒精测试（相对于随机检测而言）加以确认，以避免其说谎或被其误导，从而避免进一步的强迫治疗。

如果你是老板，你或许可以考虑以保留工作为条件要求成瘾者接受治疗。必须让他们明白，他们很可能马上就会丢掉工作。值得注意的是，被雇主强制要求接受治疗的成瘾者要比其他成瘾者更有可能戒掉成瘾物质（威斯那，陆等，2015 年）。很多前来精神科就诊的患者，实际上，近 50% 的此类患者，都存在成瘾问题（斯特恩，罗森鲍姆等，2008 年）。但是，其中有些人就诊是因为感到情绪低落或焦虑，成瘾问题并不是其就诊的直接原因。由于成瘾者否认物质成瘾造成的不良后果，我们很难说服他们停止使用成瘾物质。但是也有一些疗法十分见效，而在工作场合初次发现成瘾物质使用行为时就是使用这些疗法的良机。可以利用他们希望保留工作的欲望来迫使其戒掉成瘾物质（米勒和弗莱迪，2000 年）。

根据个体的不同情况，针对物质成瘾有各种各样、不同程度的治疗方式，包括药物治疗、十二步治疗方案及其他自助或互助治疗方案（比如匿名戒酒互助会）、工余治疗计划（专为有工作的物质成瘾者而设计）、单独或小组治疗以及住院康复治疗。有的人甚至从各种休闲活动、针灸和催眠中获益。有一点务必要了解，那就是并非所有成瘾物质都能在无须药物辅助的情况下立即戒掉，因为患者会出现癫痫症状或是死于酒精、阿普措仑等成瘾物质戒断症状。此外，与其他工作场所问题行为不同，一些处方药能在很大程度上避免这些人使用成瘾物质，确保其有能力完成工作、履行职责。有些人确实长期使用此类处方药物并获益良多。应支持员工在医师监督下适当使用此类药物。

很多人在尝试戒掉成瘾物质的过程中会偶尔出现再次使用或是完全复吸。这往往发生在他们想要逃避不良情绪、感到强大社交压力的时候，或是假期或旅行前后、亲友去世、离婚或是失业时（拉斯提迦和芬格胡德，2015 年）。还有一种情况很容易出现复吸，就是在停止对不使用药品或酒精的奖励后，比如工作场合针对成瘾物质使用行为的密切监督结束之后（斯沃曼，德福里奥等，2012 年）。即使是短暂复吸也可能导致成瘾者故态复萌，因为他们会在意识到自己的所作所为后否认问题存在或是感到绝望。

最后我要强调的是，防范很重要。如果机构内部能制订禁止持有或使用毒品、酒精或依赖这些成瘾物质的规定，会对防止物质成瘾起到很大作用。

制订此类规定时应考虑公司环境和当地法律法规要求。另一方面，现有研究发现，药检未必能减少成瘾物质使用或是提高员工工作效率（弗洛恩，2013年；皮德和罗切，2014年）。更为关键也更为人认可的干预措施，也许是通过教育、支持和相关项目为员工提供帮助、保障健康的工作环境、避免性骚扰和暴力、减轻办公室压力。

迈尔斯的故事：第二部分

迈尔斯被人发现昏睡在办公室，身边都是呕吐物。领导让他回家去睡觉，第二天再来谈谈是怎么回事。领导给他叫了出租车，跟他说等见面再谈。第二天，迈尔斯承认自己失控了。领导表示理解，并没有发作。迈尔斯坦言，自己等这一天好几个月了，他觉得领导一定会炒了他。但领导并没有这样做，他只是让迈尔斯去寻求帮助。迈尔斯承认自己饮酒过量，表示自己愿意寻求帮助。幸好，公司愿意为他提供帮助。

迈尔斯以前一直逃避治疗。在此之前，他并不打算戒酒，但当领导指出酗酒对他工作的影响后，他开始考虑改变自己。我建议领导向他出示近年来的未完成项目，以便让迈尔斯看到自己工作表现的退步。领导希望尽可能避免直接牵涉他人，但他也知道，迈尔斯外表邋遢，行动有失，再加上有时甚至浑身酒气，同事一直对他颇有怨言。于是，按照我的建议，他和迈尔斯一起坐下来仔细查看了相关事实以及同事对他行为变化的匿名反馈。领导明确警告迈尔斯，不得再次醉醺醺地来上班。谈话见效了。迈尔斯愿意了解这些信息。他承认自己失控，愿意接受治疗。

这样公司就好办了。领导只需批准他的病假申请，他就离开了。为了离开一段时间接受治疗以确保自己的健康，他确认了自己的保险报销范围，处理了一些其他的财务问题。

几个月后，他回公司上班了。虽然有挣扎，但他缓慢地取得了进展。他主动提出要接受监督，以免再犯。开始的一两年内，他遇到了一些挫折，但在公司的支持下，很快就又步入正轨。现在，几年过去了，迈尔斯仍然做得不错。

与成瘾者相处的有效措施

·质疑其行为时要态度坚定，但对其表示同情，最好是在发现问题后尽快与其对质。

·准备向他们提供直接证据，证明其问题行为日益增多。

·成瘾者本人有义务改变其行为，但周围的人可以为其提供帮助。

·以文字形式记录双方谈话及达成的方案，避免将来出现曲解。

·设立严格的规定以及相应违反规定的后果，可以与人力资源或法务部门一起，以保留工作为条件，鼓励他们接受治疗。

·熟知不同治疗方案（十二步治疗方案、个人或小组辅导、药物辅助、住院康复治疗、替代疗法），与可以提供建议和治疗的人员或单位保持联系。

·要认识到恢复过程可能会有一些反复，但这并不代表"失败"。

·采取防范措施会有所帮助，例如，可以在机构内制订禁酒禁毒规定，安排员工互助计划和减压措施。

痴呆症与认知退化——糊涂蛋

美国正进入前所未有的老龄化阶段。虽然美国总体人口增长缓慢，老年人口增长速度却要快得多。1900年，美国人平均寿命为50岁左右，而到了2000年，男性平均寿命超过70岁，女性平均寿命超过80岁（伯克曼和安波路索，2006年）。2000年到2030年期间，美国的65岁以上人口将翻一番，在总人口中的比例从12%增加到19%。随着老龄人口的急剧增加，痴呆症（dementia）和认知退化也成了人们关心的热门话题。痴呆症是指慢性渐进性认知功能损害。预计到2050年，美国的痴呆症患者将超过8000万人（萨多克，2000年），而很多患者可能还处于工作状态。

"糊涂蛋"的基本特点

早在公元前2000年，埃及人就发现衰老是导致痴呆症的一个风险因素，后来的希腊思想家和罗马思想家也都持有相同观点。西塞罗（Cicero）说得很对，不是所有老人都会得痴呆症（伯勒和福布斯，1998年）。一直以来，痴呆症有过各种叫法，包括老年痴呆症、嗜睡症、器质性脑综合征、老年病（伯勒和福布斯，1998年）。痴呆症的英文"dementia"源自拉丁语"de mens"，意思是"失去心智"（伯克曼和安波路索，2006年）。19世纪早期，一位法国精神病学家以优美的文字描述了这种障碍，称"痴呆患者失去了曾经拥有的一切，好比富翁变成了穷汉"（伯勒和福布斯，1998年）。1907年，艾罗思·阿尔茨海默注意到了他的第一例痴呆症病例，并以其姓氏为此疾病命名（斯特恩，罗森鲍姆等，2008 年）。

痴呆症患者的主要问题在于无法利用其之前的智慧。开始时，可能表现为理解困难、健忘、无法集中精神或是无法思考（萨多克，2000 年）。真正的痴带症患者会出现渐进性记忆缺失，并在生活诸多方面遇到困难。当患者本人注意到这些变化时，他们往往会感到非常沮丧和恐慌。

还有一类人只是单纯有记忆困难，更像是认知功能减退。与一般人在衰老过程中出现的记忆力衰退相比，这些人的记忆力减退更为严重，但比痴呆症患者程度要轻。认知功能减退患者会遇到一些困难，但在生活中不会有什么大麻烦。但是，半数患者在出现这种轻度认知功能受损后，最终会在 5 年内发展成为痴呆症，而且没有治疗方法可以阻止其症状恶化（罗伯逊，柯克帕特里克等，2015 年）。关于痴呆症、认知功能减退与正常衰老过程的区别，目前有许多争论（修珀特，布雷恩等，1994 年；莫思基，1995 年）。"糊涂蛋"和本书探讨的其他性格类型一样，会出现各式各样的行为。但是，我们需要重点关注的是该如何处理这些人在工作中出现的问题。

痴呆症有许多类型，差别在于病情恶化的速度和具体症状。但是，所有痴呆症都会导致思维能力下降。痴呆症患者不仅难以学会新技能、出现记忆困难，行为举止也会出现显著变化。患者的技能、判断力、语言表达、情绪、个性和主动性都可能受到影响。痴呆症会导致大脑功能严重退化，最终无法完成呼吸和吞咽等基本维生功能，进而导致死亡。有一点需要注意的是，虽然衰老是痴呆症的风险因素之一，但并不是只有老年人才会罹患痴呆症。美国大约有 64 万 65 岁以下的早发性痴呆症患者，占痴呆症患者总数的 2%~10%（阿尔茨海默症协会；罗伯逊和伊瓦森，2015 年）。

玛乔丽的故事：第一部分

玛乔丽是一家银行的柜员。她来找我治疗是因为很多顾客对她的工作提出投诉。她已经在那家银行工作了很久，之前从未遇到任何问题。实际上，人们都很喜欢她，她是办公室里的明星人物，大家有什么问题都喜欢问她。大家尤其喜欢她每周一早上都会带来的自制饼干和其他美食。可是现在，人们投诉她在顾客取钱、找零和其他交易环节出现各种问题。

她的行为变化缓慢，因此，谁也说不清楚到底是哪里不一样了。但是那些和她共事多年的人们知道，她以前不会像现在这样出错。她有几天没来上班，说是把工作日记成周日了，以为银行不营业。她有时候想不起来自己要说什么。"我傻死了！"她会自嘲一句，耸耸肩，把一些小错误轻描淡写地带过。她记不起某些工作程序，比如如何指导顾客存款，不得不求助其他柜员。同事觉得很尴尬，这些事情她本来应该都会的。"她就是年纪大了，"他们觉得，"或者今天不顺。"

这些事情让玛乔丽感到非常苦恼。她开始思考："怎么会这样？我以前知道怎么做的？"起初，除非确实需要别人帮忙，她决不让任何人发现自己的错误，包括她丈夫在内。她不知道自己出了什么问题，既尴尬又担心。但是，她来找我时，已经知道自己肯定是哪里不正常，而且她发觉这种情况已经有一段时间了。其实，由于这些问题，她发现自己近来越来越情绪低落，压力很大。

在这个阶段，我已经可以判断，玛乔丽行为举止的变化与进行性认知功能减退有关。她成了"糊涂蛋"。事实证明，她的学习能力和记忆力越来越差，以前能轻松完成的事情现在做起来却十分困难。

"糊涂蛋"是如何形成的

很多因素都会导致痴呆症。最常见的两种痴呆症是阿尔茨海默症和血管性痴呆症。每种类型的认知功能减退都有其特有的风险因素。例如，阿尔茨海默症患者占全部痴呆症患者的 60%~80%，其风险因素包括女性、家族史、头部创伤史（斯特恩，罗森鲍姆等，2008 年）。有些阿尔茨海默症患者——

尤其是年纪较轻的患者——携带有 ApoE4 基因。病理学家在显微镜下观察死于阿尔茨海默症的患者大脑后发现，其大脑细胞内有斑块和缠结，导致 DNA 受损，影响大脑各区域的沟通，最终导致痴呆症。血管性痴呆症则是由于中风或小中风后大脑部分缺血造成的，高血压和心脏病是造成血管性痴呆症的风险因素。糖尿病患者罹患阿尔茨海默症、血管性痴呆症和其他类型痴呆症的风险较高（罗伯逊，柯克帕特里克等，2015 年）。

不同类型的"糊涂蛋"

各种类型的痴呆症都有其独特特征。额颞痴呆（Fronto- temporal dementia）可能导致性欲过盛，而路易体痴呆症患者（Lewy Body dementia）经常会出现幻觉。帕金森症患者（Parkinson's disease）会出现行动迟缓和抖动，而进行性核上性麻痹症患者（progressive supranuclear palsy）会经常摔倒，眼球无法向上移动。重点不是记住各种痴呆症的症状差别，而是要认识到，痴呆症有许多类型，特点各不相同。有一种罕见的克雅氏病（Creutzfeldt-Jakob disease）会导致患者短时间内死亡。克雅氏病可能是先天形成的——或者是通过食尸（难以置信！）而传染。没错，食尸。

"糊涂蛋"的行为各异。如果患有痴呆症，其具体行为要看他得的是哪种类型的痴呆症。但是，他们在职场造成问题，常常与犯错被指出或纠正后的反应有关。和本书已讨论的其他很多性格类型一样，"糊涂蛋"有两种不同类型，一种比较积极主动，一种比较内向。

总有借口的"糊涂蛋"

这些人在出现错误时会进行反击或编造故事以掩盖错误。如果某个科学家被人发现了计算错误，他可能会愤怒地指责助手，并坚称是助手导致他分心才出了差错。而销售员如果没有认出客户，可能会假称他们之前在某个地方见过，然后——"哦，天啊！"——他会"发现"自己把这位客户和别人搞混了。这么一来，他给自己争取了更多时间，以便回忆眼前这位客户到底是谁。这种情况可能发展为妄谈症，也就是编造经历和体验以弥补缺失的记忆。与之前相比，他们会间歇性地生气，感到迷惘，表现出攻击性和不可理喻的一面。如果有人指出其错误，他们可能会生气地反驳，一心想要快点扭转局面。他们不会明确指责他人的错误，而是会旧事重提，泛泛地辱骂对方，或是质疑对方没有资格评价其工作。

我在商学院时认识了一位朋友，他所在的公司有一位非常优秀的著名女学者。她是公司的"金字招牌"，在公司备受敬重。我朋友即将晋升，按照公司流程，他要接受公司高管的集体面试。他认识，或者说知道在场的每一位管理人员，但还是觉得非常紧张。一切都很顺利，直到大家谈到我朋友在某个有较大争议领域的工作成果。他的工作成果符合标准，也得到了大家的认可，但一些年长的管理人员还是认为其模式不同寻常。而这位著名学者居然开始斥责他，对他进行人身攻击，甚至大声嘶吼，污言秽语不堪入耳。我朋友什么也没说，其他人也没插话。这位女士连声怒骂之后，现场一阵长时间的沉默。后来，是另外一位高管出言感谢我朋友参加面试，才送他离开。

这种爆发令人感觉非常奇怪。似乎毫无缘由。而且，事情过后，这位女学者看了看四周的同事，他们的反应就好像这里什么也没发生过一样。只是第二天有一位高管对我朋友说，"她和以前不一样了"。

多年来，这位女士似乎经常对别人大发脾气，而且越来越频繁地发作。她会出现以前绝不会犯的错误，而且总是归咎于别人。大家觉得她也许是压力太大，也许是家里出了状况。这位女学者的表现一天不如一天，到年底时，她已经无法独立处理项目，甚至在有人监督的情况下也不行。她经常发脾气，有时甚至发展为攻击性行为，拿东西砸其他科研人员。没多久，她就办理了退休。大概3年以后，我朋友在一家餐馆碰到了她和她孙子。当时，她正举着拿反了的菜单在"看"，一边含糊不清地自言自语，吃饭完全要靠别人喂。

低调型"糊涂蛋"

低调型"糊涂蛋"也会出现记忆力问题，但他们会导致受其困扰的人窘迫不安却不知道该如何表达。低调型"糊涂蛋"患病初期可能会为自己的错误道歉，并在一些细小的事情上征求别人帮助。但很快他们就会越来越久地独自待在办公室，一遍又一遍地检查自己的工作，试图掩盖自己的问题。对于自己的问题，他们羞愧难当，往往会想要确定自己出了什么状况。他们会无视他人指责，毫不在意地耸一耸肩，咕哝一些借口。久而久之，他们会从掩盖错误发展到试图隐藏自己，就好像消失了一样。

有一所著名的寄宿学校里有一位老师备受爱戴，他是这个行业里最有魅力的老师之一。他的课引人入胜、风趣十足，他带的班总是非常优秀。人们排着队想要插到他的班上。而他几乎每年都会得到一项教学荣誉。多年以来，他的教学事业始终发挥出色。他和学生一起住在学校，大家都很满足。

他过了退休年龄还一直留在学校。谁也舍不得他走。他教课的课时减少了，但还是作为宿管和学生们住在一起。到他90岁时，他只"教"一节课。实际上，他上课就是放年轻时教课的视频。因为他给的成绩不错，学生们都会来上他的课。他整天待在紧闭屋门的办公室里，如果有人问起，他会坚持说自己在"工作"。

但是，当校方注意到他自理能力下降、会找住在宿舍的学生帮忙时，他们发现了问题。他会让学生帮他买东西、做饭，甚至帮他管钱。学生们觉得自己有义务帮助他，也不敢告诉别人。学校着手处理这个问题时，他已经无法料理自己的日常生活了。学校安排他住进了当地一家养老院，学生们经常会去看他。

职场"糊涂蛋"

职场"糊涂蛋"的问题最初往往都是在工作场所显现出来的。他们可能记不住新东西，经常忘事，或是忘了怎么处理曾经非常熟悉的工作。最初，他们可能出现某些具体的困难，比如不会算数。有的人起初可能会在制订计划或安排事务方面遇到困难，也有的人可能会把东西乱放并最终遗失。

随着这些情况的出现，这些人可能会比周围的人更早注意到自己的问题，而周围的人有时要多年以后才会注意到他们的变化（欧曼，奈佳德等，2001年）。有些人也许会尝试设法解决自己的困难或是保持对局面的控制，有些办法的确会在短时间内有效（奈佳德，2004年）。如果工作内容涉及复杂脑力劳动，由于掩饰错误的难度较大，从事此类工作的人在出现认知功能减退后更易被人发现。但是，也有研究发现，即使是在考虑教育背景的情况下，蓝领工人、技术工人、服务业从业人员罹患痴呆症的比例也较高（博耐托，洛卡等，1995年）。因此，如果你的工作对智力要求较高，由于工作内容复杂，一旦出现认知功能减退，人们可能会较早注意到相关问题；但从事相对简单工作的人群罹患痴呆症的风险可能反而较高。人们认为，接受较高水平的教育以及事业上的成功也许会导致某些类型痴呆症的风险降低，这是因为这些人更擅长掩盖问题，或者是由于他们储备的认知技能较多（博耐托，洛卡等，1995年）。有人甚至假设，由于从事复杂脑力工作的人经常需要锻炼大脑，这些工作本身可能有助于防止痴呆症。对于难度较大但工作者本身会觉得可以掌控局面和结果的工作来说，尤为如此（希德勒，尼恩豪斯等，2004年；罗伯逊，柯克帕特里克等，2015年）。其实，保持健康饮食和充分的锻炼也有助于降低痴呆症风险（罗伯逊，柯克帕特里克等，2015年）。结交朋友、培养爱好、避免独居也同样可以降低痴呆症风险（希德勒，尼恩豪斯等，2004年）。而另一方面，在某些工作中接触环境毒素可能也会导致认知功能减退，但二者之间的联系尚未得到证实（希德勒，尼恩豪斯等，2004年）。

大部分"糊涂蛋"，尤其是年纪较轻的，会在出现问题后继续工作，有的还在确诊痴呆症后继续工作。一项调查显示，在美国，18%的41~65岁人群在确诊阿尔茨海默症后继续工作，10%的65~69岁人群在确诊阿尔茨海默症后继续工作（阿尔茨海默症协会，英国，2016年）。随着退休年龄延迟，职场的"糊涂蛋"会越来越多。确诊的痴呆症患者日益增多，而且，痴呆症患者在最初出现症状后的寿命也比以往延长了，有时延长了 10 年或 20 年。

发现认知功能减退现象后，人们往往会劝说相关人员退休或是离开。但实际上，我们可以给这些人调整工作内容（科克斯和帕达萨尼，2013 年）。他们中有很多人还是希望能继续工作。实际上，有的确诊为痴呆症的患者也可以掌握完成工作所需的新技能（罗伯逊和伊文斯，2015 年）。适当的工作有助于维持痴呆症患者的自尊和生活满意度，因为是否工作会影响到人的自我认同和社会认同。工作能为年纪较轻的痴呆症患者带来满足感，让其感觉自己的人生有价值（科克斯和帕达萨尼，2013 年）。

如何与"糊涂蛋"相处

关于采用何种方式与"糊涂蛋"交流，这要取决于对方受痴呆症影响的程度以及对自身问题的了解程度。如果你能指出对方出现的问题并对其表示鼓励，这会对"糊涂蛋"很有帮助。他们也许没有意识到自己的变化，需要有人帮其仔细审视自己相关技能的退化。随着谈话的深入，你们也许不仅需要讨论职位本身和工作要求，可能还需要探讨一些财务问题、退休安排、退休金计划和其他安排，以免将来更难甚至无法对这些事务做出安排。

安排工作时要考虑相关人员的能力，并考虑其潜在错误对工作场所安全的影响。"糊涂蛋"需要安全的环境，例如，安全的通勤方式。很多时候，一些辅助记忆工具，如待办事项清单、即时贴、日历等会很有帮助；并且，如果他们会使用的话，还有各种技术辅助手段可资利用。有时，我们可以对工作环境做一些调整，比如，远离危险物品或危险区域，以帮助他们以更安全的方式更轻松地完成工作。保持常规、建立条理性、提供简单的指令，都会对他们有很大的帮助。比如说，可以安排他们每天从事相同工作，或是固定时间召开会议。

和这些人沟通时要做到简洁明确，提高话音（在没有背景噪音的情况下）。这样，如果对方同时有听力减退，他们也能清楚地听到你说的内容。根据家庭经济情况和家人的意愿，社工和专业咨询师可以全面评估患者能力并提供调整建议，以帮助患者尽可能发挥其能力。当然，患者身体机能会逐渐恶化。

　　"糊涂蛋"丧失工作能力后，要支持其退休决定并帮助其适应退休生活。这种转变会为他们及家人带来很大的压力，尤其是在经济方面。参与其可以胜任的志愿者活动或是社区服务有助于维持工作的某些益处，如井井有条的生活、社交活动、目标达成等。有时候，在原单位从事志愿服务会让其感到些许安慰。上级可以主动与其商谈相关方案，也可以考虑邀请人力资源部门的同事一起商谈。考虑一下是否可能给其调换职位。询问对方对退休时间是否有任何想法。同时，如果涉及残疾赔偿，也要询问对方医生，了解其是否需要有关工作内容和所需能力的信息。尤为关键的是，此类对话要安排在让人感觉放松的空间进行，同时，要向对方申明未来可以继续交流此话题。

　　提起有关退休或角色转换的话题会非常困难，而且会遇到很大的阻力。有的人一心扑在工作上，完全无法想象没有工作的生活。任何人都可能遇到这种问题。但是，"糊涂蛋"在这种情况下尤为棘手，因为他们抗拒改变，最终有可能导致危险的局面。当然，这要取决于相关工作的具体情况。我见过很多已经无法胜任其职务的高级管理人员，由于他们辉煌的历史，干预往往很难进行。很多人在年轻时候就远胜他人，因此，他们的测试结果有可能优于平均成绩。但是，测试结果还是会显示出他们身体机能的显著下降。在其表现仍然看似优于他人的情况下，很难让他们信服其身体机能出现减退。

　　如果"糊涂蛋"被认为在完成某些工作时存在安全风险，但抗拒改变或调整，可能有必要进行医学评估以判断其是否适合其职务。做出此类决定时务必要请人力资源以及 / 或法务部门介入。如果怀疑办公场所有人是"糊涂蛋"，一定要请相关人员接受医生检查。简单的测试就可以排除维生素 B_{12}

缺乏或甲减等其他因素。某些药物会导致反应迟钝，因此，服药期间会出现类似"糊涂蛋"的表现，但调整用药后这些症状就会消失。有时，医生会安排脑部扫描以确定是否存在肿瘤或脑积水等其他问题。按照目前的治疗手段，虽然有些药物可以减缓认知功能减退，但除了上述因素外，造成认知功能减退的很多其他因素是不可逆的。阿尔茨海默症是目前最常见的痴呆症，占痴呆症病例的半数以上，且无法治愈。痴呆症患者服用的药物也许有助于减缓病情恶化速度，但从已知信息来看，药物疗效不佳，而且对很多人来说没有任何效果。

照顾衰退期"糊涂蛋"的亲友在工作时也可能遇到问题。我们在本节不会讨论此问题，但是值得一提的是，照顾"糊涂蛋"非常耗时耗力，会导致照顾者情绪低落并影响其工作表现和整体精神状况。很多时候，除了白天工作，照顾者还要在很多方面照顾"糊涂蛋"，并因为亲人健康状况每况愈下而倍觉痛苦。作为这些人的雇主或同事，要注意这些人承受的压力以及由此产生的影响。

玛乔丽的故事：第二部分

玛乔丽在工作上感到越来越不顺手。起初她还能掩盖大部分错误——如果给客户办业务时出错导致客户不愉快，她会自行改正错误，自己做不了的事情一般会找年轻柜员帮忙。但是，那些和她熟识已久的人很快发现了她的不对劲。刚开始，他们经常感到很生气。他们已经习惯了依赖玛乔丽，从不检查她的工作。因此，每次她出错都会让他们感到很尴尬。"她是怎么回事？"他们互相揣测着。有人觉得她是不是饮酒过量了。也有人担心她得了癌症或是其他什么病，因为治疗而晕头转向。最终，有的同事愤怒地前来质问她，而她就像受惊的小鹿一般，惊慌失措、满怀歉疚。

于是玛乔丽成了人们工作之余的谈资。人们避免和她接触，以免产生不适。他们会兴奋地议论她，但不会告诉她。不过，玛乔丽也有自己的事情要担心。

她注意到了同事们的变化，感觉自己受到了排挤。

最终，玛乔丽和一位同事就某项工作进行电话沟通，彻底改变了局面。这位同事感受到了玛乔丽的糊涂以及因此承受的痛苦。她没有无视玛乔丽的问题，而是耐心听她讲述了自己的情况。他们一起回顾了玛乔丽出现的问题，同事发现，玛乔丽无法专心思考，无法完成简单任务，也无法完成涉及多步骤的事项。她一直在努力！她一遍一遍地小声重复那些句子，生怕自己会忘，计算或在电脑上保存工作时不断地停顿。在她大段的独白中，同事体会到了她的不确定性、恐惧和空虚，几乎觉得难以忍受。

同事对她很快由愤怒转为担忧。谈话结果公之于众后，大家都非常担心玛乔丽。她所在团队联系领导层，提出玛乔丽可能需要帮助。玛乔丽的老板和她进行了谈话。鉴于他现在了解到了更多信息，他一开始就提出可以帮助玛乔丽查清楚是什么问题，并提出愿意帮助她。

幸运的是，她当时也在我这里接受治疗。我们探讨了她的情况。在我们的讨论中，起初，她不愿意承认母亲是额颞痴呆患者，多年来，她一直担心自己也会受此困扰。她极度不想承认自己也患了痴呆症，因此，当相关症状开始出现时，她用各种理由来解释自己的问题。但是，当她发现自己无法控制冲动时（她在家里更加频繁地吼叫，因为自己无能为力而不知所措），她清楚地意识到问题所在，于是去找神经病学家进行了确诊。

和老板谈话时，玛乔丽解释了事情的经过。他们一起商定了一项方案：玛乔丽可以继续留在原分行工作，但不是当柜员，而且会减少每天的工作时间。她干起了迎宾的工作，负责整理前台的小册子和其他材料。老板要求玛乔丽和丈夫商量一下这个方案以及这种转变对他们经济状况的影响。丈夫支持这个方案，并同意每天送她来上班。此外，他们还约定如果情况恶化要定期沟通，并制订了退休计划。

方案商定之后，玛乔丽感觉到了同事和家人对自己的认可和支持，感觉好受多了。她的暴脾气一度有所缓解。她已经在这家公司干了很久，现在还能有所贡献，她感到非常高兴。大概 6 个月之后，情势再次恶化。她不能坚守工作岗位，也不整理前台册子，而是经常到处游荡。玛乔丽的直接上级要求她和老板谈一谈，后者叫来了她的丈夫。

这次，大家决定让玛乔丽离职，并且，鉴于她多年的敬业表现，公司会为她提供相应的帮助。告别聚会比她想象的还要好，大家都感谢她多年来对同事的热情关照及对团队的贡献。按照之前的商量结果，丈夫已经安排她和其他老人一起参加社区服务。

不幸的是，在最初的这几次谈话几年之后，她已经完全无法自理，搬进了养老院。她不认识家人，也几乎无法与人沟通。搬到养老院之后没多久，她就去世了。家人很难过，但是想到他们在玛乔丽开始出现功能衰退时就和她达成了针对后来安排的一致方案，还是感到些许宽慰。他们也非常感激公司对玛乔丽的帮助，和社区交流时多次表达谢意。

与"糊涂蛋"相处的有效措施

· 与"糊涂蛋"沟通，帮助其认识到自身出现的问题以及这些问题对其生活和工作表现的影响。

· 安全是主要问题。必须仔细考虑"糊涂蛋"的工作安排和工作环境。

· 利用辅助记忆工具和技术辅助手段，为其安排条理清晰、每天变化不多的工作内容。

· 与其沟通时要放缓语速、提高声音，表达简单清晰。

· 在人力资源部门和法务部门的帮助下，建议其接受医学评估。

4

Chapter

——

令人费解的人们

正常人 VS 不正常人

在商学院上学的最后一年，为了赚学费，我晚上和周末在一家急诊中心工作。这里氛围友好而活跃，令人感觉十分愉快。工作人员也都很友善，我们到现在还是朋友。起初，我发现这些人有一个很奇怪的现象。只要有较长的休息时间，每个人都会拿出专业书籍静静地读起来。这时不会有人聊天。这是属于每个人的私人时间。我起初没搞清楚状况。现在想来，我那时挺烦人的。我会跟大家说笑、讲笑话，让他们无法专心学习。我不明白他们为什么非得在好不容易看完所有病人、终于可以放松的时候学习。回头想想，我当时真是太没礼貌了。幸好大家对我很友好。他们一遍又一遍地引导我，直到我终于不再打扰大家。我带了一本课本，大家学习时，我也开始看书。实际上，在整天忙得脚不沾地的急诊室能有片刻的宁静时光，这种感觉非常好。我从他们身上学到很多。大家也对我遵从他们的习惯表示感激。

当我们评价他人，尤其是评价他人行为是否"正常"时，一定要考虑相关背景。在使用本书、判断哪些行为构成破坏行为并思考对策时，也要考虑个体及其所处环境，包括工作环境的背景信息。

在本章中，我们会探讨那些行为怪异或与众不同、令人费解，从而导致问题的人士。处理这些人的问题时，一定要认识到，如果仅仅是在观点、文化和价值观方面存在分歧，这并不代表有任何问题，也不能说明问题的严重性。因此，我们有必要审视自身是否存在蓄意或是潜意识偏见、成见或刻板印象。这就要求我们再次仔细思考自己在职场问题行为中扮演的角色。

每个人的背景信息由族群、宗教信仰、精神生活、年龄、家庭结构和风俗习惯构成。背景会存在差异，但不应被贴上"有问题"或"不正常"的标签。在不同的文化中，有的强调争强好胜，有的注重个人主义，有的族群性格外向，有的则存在较多社交行为或身体接触。不同文化的风俗习惯各不相同，评价个体行为时，必须将这些因素考虑在内。例如，如果非洲工人在西班牙上班，工作期间没有午休，别人就会感到奇怪；而在美国，工作时间小睡会被视为效率低下，尽管上班期间短暂休息确实有助于恢复精神、促进健康（丹德和索哈尔，2006 年；非卡，阿克塞森等，2010 年）。

同样，精神科医生在为患者诊断时也必须考虑这些因素。即使精神科诊断已经日益精确，这些因素在判断是否存在精神疾病方面还是有其价值（希斯提，扬等，2013 年）。精神科医生在诊断时会考虑相关个人的文化身份及其与患者文化的差异，以免由于缺乏对背景知识的了解而出现误诊。例如，在牙买加人看来，与鬼魂沟通没有什么值得大惊小怪的；但在其他文化背景的人看来，这简直不可思议，甚至可能被认为是精神错乱（米勒，2005 年）。做出判断时要考虑文化因素，包括了解相关人员是否属于某些族群或宗教团体、相关族群或宗教团体的习俗。甚至所属代际和亚文化也会产生很大影响。很多因素，包括家乡、曾经生活的地方、使用的语言、宗教信仰、性取向、性别认同、所属族群、与亲友的关系，都会对人们的行为产生不同影响（美国精神病学会，2013 年）。

我们在下文会看到一些在职场举步维艰的人士。他们要么无法理解他人（"机器人"）、要么满脑子怪异想法（"怪咖"）或是疑神疑鬼（"多疑型人"）。但是，我们要知道，在特定场合出现奇怪想法、疑神疑鬼或社会差异，本身并没有破坏性，甚至没有任何反常之处。我们在下文讨论的这些人，以及本书涉及的其他类型性格人群。他们之所以会造成问题，是因为他们在不同场合持续出现问题行为，而且这些行为在任何文化中都不符合社会规范。

难以沟通的"机器人"

我曾为一位土木工程师进行治疗。他从未想过自己能干到目前的职位。他妻子是一位事业有成的研究人员，他之所以能被这家公司雇用，完全是因为这是妻子来这里工作的条件之一。靠他自己的话，鉴于他拙劣的沟通技巧，恐怕连面试都过不了。他待人冷淡，与人交谈时，眼神仿佛会穿透对方，对方常常觉得他在和自己身后的人说话。20 年来，他的职位一点没变，自己也常感到孤独、难过、沮丧，公司里的人都很讨厌他。除了自己，他看不上任何人的工作成果。他觉得同事都配不上他，说公司是"充满小丑的马戏团"。实验室同事觉得他个性古怪、为人傲慢，这才是问题所在。他总是大吼大叫，斥责团队成员和手下，而实际上，但凡他肯多一点体谅、多为团队出点力，这些问题都能轻松解决。但他从来不会这么想，因为他觉得自己从不出错，也无法容忍别人出错。尽管他感觉自己大材小用，并因此气愤、难过，但他保守固执，因循守旧，从未想过换工作。

"机器人"（Robotic）问题行为的根源主要在于其不知变通，无法理解他人，存在沟通困难。在职场中，如果一个人懂得见机行事，其同事、雇员和上级都会受益匪浅。而"机器人"却是墨守成规、抱残守缺，与人交谈时也不知变通，因此，大家都很看不起他们。人要不断适应环境、与他人沟通，但他们就是做不到。

"机器人"的基本特点

本书中所说的职场"机器人"并不是指确诊为自闭症谱系障碍的患者。但是，我们可以通过自闭症谱系障碍来了解这些不知变通的同事，学习如何帮助他们。自闭症患者往往能得到关爱和尊重，也能关爱和尊重他人。了解这些患者性格中固执僵化的一面，有助于改善其同事与他们以及类似人士的交流。

20世纪初前后，奥地利精神病学家利奥·坎纳（Leo Kanner）描述了11位"早期幼儿自闭症"患者的症状。患儿存在沟通困难，在某些方面具有特殊能力，同时存在行为问题。利奥·坎纳发现这些患儿对环境的反应不同于同龄人。他们对某些事物尤为敏感，对其他事物则完全无视。次年，奥地利儿科医生汉斯·艾斯伯格(Hans Asperger)在某些患者身上注意到了语言能力、社交能力、协调能力和技能受损的症状，并将这种症状称为"自闭性精神病态"（斯科特和德巴罗那，2007年），后来，这种症状被称为艾斯伯格症候群。后来，自闭症和艾斯伯格症候群被认为是儿童时期不同但有关联的症状。一般认为，艾斯伯格症候群患者症状较轻，语言能力和智力发育没有问题。直到2013年修订《精神精神障碍诊断和统计手册》时，自闭症和艾斯伯格症候群才被统称为自闭症谱系障碍（美国精神病学会，2013年）。这一修改引起了很多争议。一方面，很多艾斯伯格症候群患者及其家人希望保留单独的医学诊断名称，因为他们认为艾斯伯格症候群患者与其他更严重的自闭症患者有所不同。这一修改还引发了有关金钱和其他资源如何分配的争论。

自闭症谱系障碍患者有两项技能受损，即社交功能受损、出现僵化行为。他们兴趣狭窄，只按有限的常规行事。目前，尚未发现此类患者存在智力发育问题，但他们社交技能不足，对没有生命的物体更有兴趣：例如，相对于人，他们对火车的兴趣更为浓厚。自闭症谱系障碍患者往往对感官刺激格外敏感，包括响声、某些画面或是身体不适。此外，他们有极为固定的习惯、日程表和喜好，经常在固定时间不断重复同一件事情。有些患者还会出现独特的重复性身体动作，比如摆动手部、前后摇晃或是踮脚走路。

　　自闭症谱系障碍患者之所以会导致问题，往往是因为他们沟通困难。这些人在社交过程中会遇到各种各样的问题，比如，无法专心听别人讲话或是轮流发言，经常说起某个话题就没完没了。他们讲话时的音调和节奏不同于常人，而且往往很少有目光接触。总的来说，他们感受不到别人的情绪，听不懂别人的挖苦、比喻、社交线索或是其他语言表达上的细微差别（怀特，吉欧英等，2007年）。同时，患者也许会渴望社交，也会感到孤独并渴望友情或恋情。他们一方面渴望建立社交关系，另一方面却缺乏适当的社交技能，这也许会导致他们感到沮丧和愤怒。即使成年患者也会出现莫名其妙发脾气的情况，大多是希望表达对周围世界的不解。身体上的不适往往会导致他们产生愤怒或挫败情绪，或是使这种情绪更为恶化。此外，很多患者会有严重焦虑情绪，有时候，他们发脾气是因为过度焦虑。

布罗迪的故事：第一部分

　　布罗迪是一位新任机械工程博士后研究员。学年刚开始没多久，他就来找我了。他教的本科生投诉他态度恶劣。在周围的人看来，布罗迪虽然为人高傲，但聪明绝顶，只是缺乏常识和社交礼仪。布罗迪难以理解他人视角，也体会不到别人对他的看法。他会当着全班同学的面，指出学生作业中的错误，说"某某在这儿做得很差劲"。领导第一次针对此问题来找他时，他以一贯平淡的语调说："噢，这没道理啊。他确实错了。我知道正确答案，他只要学会并接受就可以了。"

　　他说话总是心直口快，不顾后果。领导建议他联系一下之前遭他斥责的学生，他却说："可是她就是做得不对。是她自己做不对，为什么要我道歉？"领导告诉他，这么不知变通，会影响学生对他的评价以及同事关系。他对此感到十分茫然。这些事情互相之间有什么关系呢？为什么做"对"的事会被认为是"不知变通"？他反复琢磨，觉得人们似乎都忽视了他的优点：学识丰富，工作表现优异，通晓古典音乐知识。而且，大家都没有发现，他真挚地希望结交朋友，希望找到另一半。在他看来，大家都只关注他不好的一面，而这些事情根本不值一提。事实就是事实。为什么没人明白呢？

有一次在实验室，他对学生说："你要是连这个都做不好，你在这行就没法干了。不管你怎么想，你的工程学生涯完蛋了。"他经常会谈及一些远超课堂知识水平的概念，把学生搞得晕头转向、焦虑不安。如果在课堂上没有学生回答提问，他就会站在教室中间大吼大叫。他有时觉得学生"愚不可及"，会忍不住恶毒地咒骂学生，甚至把他们的论文扔过去。他和其他博士后甚至资深研究员交流时也是这样。大家都很不喜欢他，甚至讨厌他。然而，即便如此，他还是难以理解自己为什么交不到朋友。而且，他试图拉拢别人时常常显得很不友好。"你知道我拿到科研经费了吧？如果你想知道我是怎么办到的，我可以给你看看我的申请书，显然卓有成效啊。"

在我看来，布罗迪不仅仅是傲慢或是无礼，他是"机器人"，难以理解他人感受。和他见面时，我注意到他除了语言交流困难之外还有其他一些问题，比如缺乏目光接触，面部表情不协调，很少有自发动作。在候诊室里，他起身来到我身旁，好像浑身不自在，说话声音高而平直。第一次交谈时，我就发现他明显存在交流困难，无法理解人际关系。他在工程学方面的研究范围也非常局限，这对科研人员来说也许很正常，但他完全无法就其他话题发表任何评论（除了他的另外一大爱好——音乐）。就连我们交谈时，他也是只顾自己说个没完，只要我想转换话题或是发表意见，他就会不高兴。

虽然他知道自己的行为影响了别人对其工作表现的评价，而且他来找我正是为了解决这个问题，但他看起来非常冷静，甚至看上去对这个话题毫无兴趣。他觉得，万不得已的话，换个大学工作就是了。什么也不会改变。他咨询我的问题都是涉及有关事实的不同见解，而且他并没有错。布罗迪认为自己"才华出众"，夸耀自己智商极高，一再声称自己有很多创意很快就能获得专利。他说自己要去创业当老板，这样就不需要考虑伤害别人感受的问题了。再说了，他们根本就不应该感到受伤！现在，他只是需要一个平台来完成博士后研究，进而在能让其大显身手的平台实现更为宏伟的目标。而且，他并不在意自己在哪儿做研究。他一直认为自己完全可以去麻省理工学院，但是，不管在哪儿，他都能在自己的研究领域取得成功，因为他已经学习并掌握了成功的"秘诀"。

布罗迪是真的难以理解自己为何会遭人排斥，想不明白自己明明非常渴望友情和恋情，却为何落得如此孤单。从理智上来说，成年人问出如此感觉受伤的问题，我内心一般会感到非常同情，但我就是不喜欢布罗迪。我们的对话完全是单方面的。他偶尔才会提起自己面临的问题。当我试图讨论他交流困难的问题时（当然，这些才是我感兴趣的地方），他总是置若罔闻，径直去谈更具体的话题。整个评估过程中，他都坐在那里，就像机器人一般面无表情，一个劲地说个不停。他不断地数说自己对工程学和古典音乐的兴趣，夸耀自己渊博甚至无与伦比的知识水平。他本以为自己发现了举世震惊的现象，能为自己赢得巨大的声望。但事与愿违，这让他感到灰心丧气。他极度渴望伴侣，导致我甚至无法判断他的性取向——看起来，他只是需要找一个人，随便什么人都可以——虽然他自认为此付出了很多努力，但实际上他并没有采取任何措施。

"机器人"是如何形成的

自闭症患者往往在2岁前就会出现症状，绝大部分在3岁前都会出现症状。父母常常会注意到这些孩子不会像同龄人一样与人交流，有时会担心孩子是不是听力有问题。这些孩子在游戏、模仿、分享等方面可能会存在困难。自闭症患者的表现各不相同，所以才有自闭症谱系障碍的说法。有的患者能维持稳定的工作和人际关系，有的患者则完全无法进行口头交流。

自闭症谱系障碍成因是近几十年来精神健康领域内争议最多的话题之一。

尤其是针对免疫系统是否是导致此障碍的风险因素之一，研究人员分成了两大阵营。大部分科学证据并不支持二者之间存在联系。但是，可以肯定的是，自闭症谱系障碍的风险因素包括父亲年纪大、出生体重轻、男性（比例为 4:1）（美国精神病学会，2013 年）。自闭症一般被认为是受基因影响最大的精神疾病（萨多克，2000 年）。自病症患者可能同时患有脆性 X 综合征、结节性硬化症等疾病，但这只占自闭症病例的 5%~15%；此外，自闭症患者同时患有癫痫的概率也较高（萨多克，2000 年；斯特恩，罗森鲍姆等，2008 年；豪尔，帕洛姆博等，2016 年）。

有一项社会政治运动呼吁人们重视神经多样性。很多自闭症人士（及其支持者）认为，自闭症患者非典型的神经状态与所谓正常的神经状态同样有价值，只是存在差异而已。近几十年来确诊为自闭症的患者激增，这也导致一些争议。据估计，自闭症谱系障碍患者比例已经从之前的 1/4000 增加到 1/100 甚至 1/68（斯特恩，罗森鲍姆等，2008 年；克里斯坦森，2016 年）。

如果你要是问布罗迪，他肯定会说，他不是"变成这样"的，而是一直都这样。我倾向于同意他的说法。布罗迪异常聪明，但一直存在交际困难。自从小时候喜欢上了火车，他就一心扑在了火车上。他学习了火车的发展史，能把发动机、燃油类型、火车制造商和铁轨类型说得清清楚楚。他收集火车模型，自己也做了很多模型，不惜为了每处细节花费大量时间。如果出现任何错误，他就会懊恼不已。虽然爸爸妈妈对他关爱备至，他并没有变得爱心泛滥。父母无法诱导其谈论任何其他话题，很快他们就明白，若想和他沟通，只能静静地坐在一旁，听他口若悬河、没完没了地讲述世界各地的火车、他收藏的火车模型以及各种有关火车的细节。他没有任何朋友。有几个喜欢火车的男孩（他们的兴趣远不如布罗迪强烈）会在他身旁玩火车，但从不和他玩耍。其他人则经常欺负他，说他是"怪胎"。父母询问老师后得知，布罗迪虽然缺乏社交技巧，但学习成绩优异，在教室也从不捣蛋。因此，老师们只是让其父母放宽心，并没有建议他们寻求干预。

多年过去了。布罗迪对火车的兴趣有增无减。他对火车及其发动机运行原理的兴趣日益浓厚。他坚信自己能改进火车发动机，认为自己的创意将重新定义发动机效率。有时，他会思索能否造出永动机。

布罗迪对这些想法念念不忘，因此对工程学，尤其是机械工程产生了浓厚的兴趣。他在儿童时代和青春期都没有任何朋友。每天晚上，他都待在家里看书、写方程式、建模型，而且似乎对此非常满意。在学校里，孩子们要么完全无视他，要么就会故意招惹他，因为他们无法理解他对社交活动漠不关心的样子。孩子们甚至认为布罗迪神神秘秘的，令人讨厌。

我认识布罗迪时，他独自生活，靠奖学金和父母的资助过活。他热爱音乐，一直在设计超级发动机。可悲的是，出了教室，除了来找我做治疗，他和别人几乎没有任何交流。

不同类型的"机器人"

职场有两种"机器人"，分别体现了这类人的两种特点。和其他性格类型一样，其中一种亚型冲动易怒，另外一种则较为内敛。但两种亚型都存在不知变通、喜好重复、感到焦虑和挫败的特点。实际上，我自己在描写"机器人"的过程中，也会像他们一样不断重复相同信息，为了把某一点说得透彻明白，我会从略微不同的角度反复描写这些人，生恐未能完全表达自己的观点。"机器人"是个令人头疼的话题，会造成明显的情绪紧迫感，令人恼火。

"电路过载"型

布罗迪显然属于"机器人"中的第一种类型，即"电路过载"型（the Circuit Overloader）。这类人总是满腹牢骚，说话完全不顾场合和对象。他们只关注某一特定领域，而且会固执地坚持自己的观点。他们对办公室文化或办公室政治不敏感，表达自己的看法时总是直截了当、自以为是，而且喜欢反复申明自己的观点。他们把自己的观点视为事实，而且是不可更改的正确事实。在他们看来，别人的意见都站不住脚，要么不对，要么愚蠢之至。只能有一种观点，那就是他们的观点。他们认为，反复坚持自己的观点，别人最终就会理解。

"电路过载"型"机器人"经常会冒犯别人，自己却浑然不觉。他们无法理解自己的沟通方式给别人带来的感受。他们说话时非常大声，再加上在人际交往中缺乏界限意识，可能会令别人感到害怕和奇怪。别人没法和他们讲道理，这点让人很不愉快。当他们因为无法理解他人情绪而肆无忌惮地发脾气（即所谓"过载"）时，场面可能非常吓人。这些人在人际交往过程中会感到强烈的焦虑情绪，但我们几乎感觉不到。这很令人遗憾，不然别人就会同情他们了。在与这些人交流的过程中，双方都会感到困惑和不适，因此无法实现切实可行的双向沟通。

"哑火"型

尽管"电路过载"型"机器人"的沟通方式会有些奇怪，但他们起码可以正常面对他人；而"哑火"型（the Failed Igniter）"机器人"则完全无法直视他人，总是站得远远的，而且常常会回避别人。甚至连闲聊都会让他们感到不堪重负。这些人外表冷漠，情绪内敛，待人疏离，个性内向，极度回避社交活动。相比面对面的沟通，"哑火"型"机器人"更喜欢关起门来发邮件。他们不怎么发脾气，但爆发的原因与"电路过载"型"机器人"完全相同。他们会表现出明显的焦虑，当他们认为领导对其感到不满等他人强烈情绪时，甚至可能停止工作。他们完全无法理解这种情形，害怕面对这种令其难以理解的强烈情绪。他们不会尝试融入团队，从不参加公司的假日聚会。面对他人情绪，他们总是消极、淡漠、回避。如果你企图从他们那里得到回应，那你肯定会满怀懊恼、困惑不解、失望之至。当你告诉这些人你感到烦恼、不舒服、为其吸引或是随便什么信息，他们都不会有任何恰当的回应。他们也许会冷漠地盯着你，面无表情，一言不发。而在其内心深处，他们可能正焦虑万分，因为他们无法理解这些情绪，但你永远都不会发现。就算你早上跟他打招呼，也别指望他会回应你说："今天心情不错，你呢？"他们看起来对周围的人毫不关心。如果对局面感到不知所措，他们也许会突然消失，而不是面对问题。要么几天不来，要么干脆辞职。

商学院的人给我讲过一个软件公司副总的事情。他天资聪颖，事业有成，从来没有人质疑他的智商。担任副总之前，他和别人的交流基本没有问题，但一直仅限于一对一的交流。不管和谁沟通，他都会说服别人放弃口头表达，而采用在黑板上写或画文字、符号、图表和算法的方式进行交流。在他看来，这样才能确保一切顺利。通过这种形式的沟通，人们从他办公室出来时都心满意足，问题都得到了解答。但是，当他晋升为领导后，问题出现了。

他疯狂地学习有关管理方法的一切书籍、参加管理培训课程。他知道自己在人际交往方面的不足，接二连三地聘请了许多高管教练，不断练习手势，学习如何控制自己的声音，以便发言时显得比较自然。他研究男士时尚杂志，穿着极为考究。在一位高管教练的指导下，他形成了一套管理"纲领"，再三在其远景规划中提及。即使他的工作内容经常变化，他还是不断提及这套基本的远景规划框架。然而，尽管他锲而不舍地一再提及这一纲领，人们居然奇迹般地没有发现，他其实只会这一招。在此期间，他甚至还找到了另一半。尽管对方很快就开始埋怨两人缺乏情感联系，但他还是觉得很满意，因为自己终于找到了一个人。他不断地获得晋升，最终成了这家大型跨国公司的副总。

新官上任，除了最亲近的团队成员，他仍然拒绝会见任何人，并且每天最多只允许安排一次会议。担任副总的第一年内，他见过很多公司高管，但却没有和任何人成为朋友。亲信顾问负责帮他与大家保持联系，但最终却因为副总机器人般的交流方式以及缺乏反馈和联系而感到厌烦。只有修改演讲稿时，顾问才会露面，一旦完成就很快消失不见。

多年过去了。各种冲突无人注意，棘手的事情都交给顾问处理。仿佛所有的人力和财务的重大决策都是出自顾问。人们见不到副总，也无法与其建立任何情感联系，渐渐地，大家开始指责他不胜其任。他还是躲在自己的办公室里，不断对别人提出要求，却没有任何反馈，害怕面对任何冲突。手下的高级雇员开始讨厌他，而他们对他的情绪越大，他就越是一副消极、淡漠的样子。手下人开玩笑说，副总办公室里有一个充气娃娃假装管理一切事务。最终，公司CEO了解到了人们的抱怨。鉴于人们对这位副总日益积累的不满，他很快就被迫离开了。他走的时候，公司里的人都已是气愤至极。然而这位副总却带着他的管理纲领和久经练习的手势继续寻找高级职位去了。这就是典型的"哑火"型"机器人"。

职场中的"机器人"

我在此部分引用的文献大多是针对自闭症谱系障碍患者，而非职场"机器人"。根据现有研究，只有高功能自闭症患者才有可能独立工作。实际上，在真正确诊为自闭症谱系障碍的患者中，只有25%~50%的人有工作（亨德里克斯，2010年）。在这些有工作的患者中，很多人需要接受一对一督导。其他患者则功能受限、无法独立生活，有的患者甚至无法进行口头交流。

职场"机器人"也可能很难维持稳定工作，总是处于断断续续的工作状态，这就导致其无法实现连贯的职业发展，无法维持稳定的经济状况。他们往往喜欢从事科研、技术、工程和数学领域的工作（魏，瓦格纳等，2012年），但从事客户服务性行业的比例较低。2013年，一家德国软件公司宣布有意招聘部分自闭症人士，认为这些人也许具有独特而有益的技能，包括注重细节、解决问题的能力（沃尔德）。我们从上文可以看到，"机器人"雇员往往在工作上表现出色，但不善与人沟通（肖尔，2010年），这会导致很多问题。遗憾的是，数据表明，这些人应聘成功后，经常感觉自己受到欺凌、不被支持、遭到排挤和误解（理查兹，2012年），感到工作枯燥乏味，缺乏满足感（巴德文，科斯特利等，2014 年）。而旁人往往认为他们脾气暴躁、骄傲自负（理查兹，2012 年）。"机器人"很难维持稳定工作，主要是由于其社交困难，人们视其为怪胎，不愿与其交往。这导致他们很难从同事那里学到新技能，也无法妥善处理复杂的职场人际关系。作为雇员，他们要么极度藐视权威，要么严重缺乏自信。他们经常回避涉及人际交往的职场活动，如团队建设、集体娱乐或假日聚会等。午饭时，即使别人都坐在专门的房间内，他也可能独自用餐。

由于这些人往往因循守旧，很难接受改变，工作上的任何变化都会令其感到难以适应。他们尤为难以应付人员变动、计划或政策的变化，甚至是突发的火警演习等变化。"机器人"尤为缺乏组织和规划能力。同时，由于对各种声音和画面比较敏感，他们也非常容易走神。闪烁的灯光、同事的咳嗽声或是电扇的嗡嗡声都可能使其分心。他们偶尔会通过重复性动作来控制压力，比如前后晃动或是敲桌子，也可能会大发脾气或是毁坏财物（亨德里克斯，2010 年）。另一方面，这些人在职场也有很多优点，包括敬业、高效、诚实、视角独特、善于视觉性学习、思考时注重细节、注重逻辑和理性思考（西蒙妮和格兰丁，2001 年；巴德文，科斯特利等，2014 年）。

如何与"机器人"相处

在职场中与"机器人"打交道，总体原则是在沟通时要做到清晰明确。表达要明确、直接、具体。他们只能听懂你要说的字面意思，而且很多人无法理解语言的微妙含义。不要使用任何含义不清的表述。可以把工作要求或反馈意见写下来，这样有助于减少含糊不清的表达，也可以避免语调或身体语言对相关信息理解的影响。总的目标是要确保你和对方（或者是整个团队）对于要传达的信息有相同的理解。避免任何误解，不要使用比喻、反讽或包含任何弦外之音，也不要指望他们能理解办公场所书面规则。与其口头交流时，最好采取一对一交流的形式，避免小组谈话，并且要留给其充足的时间理解你的意思。如果要召开会议，可以让他们以书面形式提前提交想法或建议，这有助于他们表达观点，也让人们能更好地理解其观点。

此外，可以对办公环境进行一些调整，尽可能减少会导致这些敏感人士分神的因素，包括重复性的声音或画面，如嗡嗡的声音或者闪烁的灯光等。耳塞、音乐、白噪音机器或者有色玻璃都会对他们很有帮助。也可以把办公桌摆放在车流较少、有自然光线的地方（格兰丁和达菲，2008 年）。确保员工在办公场所有私人空间，"机器人"和其他员工都会因此受益。"机器人"员工往往非常清楚什么样的办公环境对其有利，因此，直截了当地询问对方，有助于更好地了解这方面的信息。

除了沟通明确，还要做到"按部就班"。职场"机器人"喜欢明确的方案——通常是书面形式或图表形式。我们采取的措施都是为了让他们感到踏实、有条理。布置任务时要清晰、明确，在时间安排和时间线上保持前后一致，也可以利用日历、任务清单等辅助工具，这些都可能对"机器人"大有帮助（亨德里克斯，2010 年）。这种直白的方式也适用于总体岗位职责说明、对员工的要求以及职场任何等级制度的描述。"机器人"最喜欢程序严格、晋升有序的工作环境。与其兴趣范围一致的工作，比如布罗迪和他喜欢的火车，最有可能促使他们维持注意力并取得良好成果。他们也许是大部分时候单独工作的计算机程序员，或是统计员、档案管理员、图书管理员，很少与别人交流。顺带提一句，我认识一位"机器人"，他在销售过程中严格遵循各种程式。考虑到销售工作非常考验社交技能和人际交往能力，他的职业选择令我感到格外不可思议。他认真地研读了销售策略相关书籍和现场互动指南，还有一本类似提词器的指导手册：如果别人说 X，你就回答 Y。比如说，他发现，如果别人和你说话时你随便写点东西，他们就会觉得你在听。他对这些销售策略没有任何情感或直觉的联系，但他还是学会了这些策略，而且大获成功。想想看吧。

不论是"电路过载"型还是"哑火"型"机器人"，其沟通方式都可能让你觉得不太自然。实际上，和他们沟通时，你可能会感到扫兴、沮丧、苦恼或是愤怒。你要试着理解，这并不是因为你的缘故。这就是他们这类人的沟通方式。也许他们看起来有点冷淡或是漠不关心，但这只不过是他们对待世界的独特方式，他们只是不太在意人际交往技巧和社交而已。如果他直言不讳地表示自己不喜欢你的衣服，你可以想想，你也有可能不喜欢别人的衣服，只不过你明白不应该发表此类评论。同时，你要记住，"机器人"虽然会感觉遭到排挤，他们也渴望建立人际关系，却苦于无法深入理解社交关系的含义。你或许可以与其建立社交关系，但很多时候，那种感觉就像在做"表面功夫"。若想与其深入发展，可以询问他们感兴趣的事情，比如昆虫、桥梁或是电学。你也许会学到一些新知识。或许，可以让其选择下次活动的主题，或是参加他们感兴趣的任何活动，这会给你和同事带来全然不同的感受。

如果赶上"机器人"莫名其妙地发脾气，与其沟通会非常困难。他们发飙往往是因为无法理解别人试图传递的信息，感到焦虑、不知所措。为避免出现此种情形，向其提供反馈意见时要平静、具体："事情就是这样，你可以采取这些措施。"

但是，如果他们已经开始发飙，很多时候，他们已经无法理智地进行对话了。如果你是其上级，或是能找到其上级，此时就是制订规矩的关键时刻。他们也许要自己待一会儿才能冷静下来，在这种情况下，应将其安排在没有明显干扰因素（也就是没有闪烁的灯光或噪音）的地方。最重要的是，在"机器人"情绪烦躁时，不要给其分配任何重要任务。

"机器人"往往循规蹈矩，因此，控制其发脾气的一个办法是制订明确的书面规定（比如，第 7 条：不得吼叫初级职员）。当然，要避免在其情绪爆发期间提出这些要求，而是应该等到他们冷静以后。这类规则一般都能见效。其实，很多时候，"机器人"会因为其他人破坏规则而感到无比焦虑、惊慌失措。鉴于此，可以利用他们遵守规则的特质来引导其避免不适当的职场行为。

还有一种方法可以减少"机器人"发飙或明显社交错误，那就是直接指出他们伤害了别人的感情。"机器人"的问题行为并不是因为他们企图伤害任何人，而是由于他们无法理解人际沟通。很多时候，他们甚至并未意识到自己的行为或语言会对别人造成伤害。直接向其指出这点后，他们也许会认识到自己的问题所在，产生改变自身行为的想法。如果管理人员发现"机器人"由于社交能力不足而痛苦万分，可以考虑单独给其提供有关人际交流的指导，包括建议其询问同事是否需要帮助、早上和别人问好，以及更为正式的指导，包括如何回应反馈意见（"谢谢，我会在这方面努力。"）、如何提供反馈意见（"做得不错，但我觉得你还可以进步……"）、交谈时要允许对方说话等。这种在职培训可以通过角色扮演或模拟谈判来进行。由于他们缺乏社交关系，如果有人能为其提供有关职场沟通的建议，他们会非常感激。此外，有关沟通技巧的练习册和自助手册也有助于提高社交能力，市场上有的书籍就是专门针对职场沟通的。

然而，"机器人"往往需要正式的沟通和社交技巧培训才能有所改善。与其他类型的性格相比，针对"机器人"的治疗一般不会重点关注对情绪的讲述、体验或处理。社交技巧的训练往往非常具体：具体注意事项、如何进行眼神接触、如何读懂眼神、如何调整面部表情和语调、如何改变身体语言和习惯性动作。采取广泛措施进行干预，目的在于改善其人际关系和综合社会功能，甚至鼓励他们理解别人的想法和感受。教学方法包括游戏、角色扮演、团队建设，有时会使用学习过程录像以检查学习效果（豪林和叶茨，1999年）。相关指导还包括如何调整压力、如何解决问题、增强自信心等。此外，培训往往会重点关注求职面试或聚餐等特定场合的理解能力和行为。

很多时候，重点在于通过单独或小组训练，培养社交技巧或应对技巧。若非存在严重焦虑或抑郁障碍，一般不需要药物治疗。

布罗迪的故事：第二部分

好消息是，布罗迪真的非常渴望社交生活，而且他知道自己的行为于此无益。我在本书中多次提到，如果一个人真的渴望改变，他就有可能改变。

按照我的建议，布罗迪参加了基于认知行为技术的小组治疗以及社交技能培训小组。但他对于改变或改善职场沟通并未表现出任何兴趣，因为他始终认为领导提及的那些事情毫无关联，而且，他认为自己并没做错。他坚持不再聊这个话题。但是，通过让他来做决定、专注于"社交生活"中的沟通，他学到了很多方法，有助于缓和他在工作中遇到的冲突。他仍然不知变通、因循守旧且不能承受挫折，但他学会了如何更好地就学校事务表达自身看法，人们的反应看起来没有那么不好了。他认真参加了两个小组的治疗，通过与咨询师及同组人员的交流，他在和别人沟通时不再像以往一般困惑不明。虽然他一直未能将新的沟通方式运用自如，但是，通过角色扮演和人际沟通小组的交流，他开始明白该如何和别人打交道。他保住了自己的职位，完成了博士后研究。虽然他最终从事的职业与最初的设想非常接近，他还是建立了自己的社交圈，明显比以前快乐多了。

与"机器人"相处的有效措施

• 沟通要具体、明确。书面指示和一对一沟通的效果好于口头指示和小组会议。

• 减少工作环境中的干扰因素，设置私密空间。

• 制订严格、可预期的日程表。最好能明确描述其工作任务。

• 在工作中包含与"机器人"兴趣有关的任务也许有助于激发其工作动力。

• 发表反馈意见时要冷静、具体，以免"机器人"出现集中性问题行为或发飙。在其发飙时，其上级可以制订相关规则。

• "机器人"往往循规蹈矩。可以利用这一特质来引导其理解适当的职场行为。

• 帮助"机器人"认识其行为可能对他人感情造成的影响，这对促进沟通有所帮助，也可以考虑通过角色扮演对其进行培训。

• 可以考虑专业干预以促进相关技能发展。

充满怪异想法的怪咖

我曾经认识一位医生，她认为所有健康问题都与铅中毒有关。她是一位内科医生，能正常为患者提供诊疗，有稳定收入。但是，她认为所有疾病的根源都在于铅中毒，所有人体不适都是由于体内铅含量过高。与我认识的其他医生相比，她做了很多化验来检测患者的血铅含量，而且更为频繁地提起铅中毒问题。自然，同事们都觉得她很奇怪。不过，虽然她的想法很奇特，但她在工作中没有出现任何问题，为患者诊断时也会考虑其他致病因素，但就是无法抛开那个奇怪的想法，始终觉得铅中毒是所有疾病的根本原因。

还有一位内科医生，从未收到过任何投诉。他少言寡语，经常盯着自己的鞋，总是自言自语地咕哝着什么。他和人交谈时没有任何异样。但是，他的头发留得很长，只有头发挡眼的时候才会理发，而且，很显然是自己理的。他的衣服总是大了几号，实际上，裤腿儿都拖地了，走路时总是踩到裤脚，布料拖在地面上，脏兮兮的。腰带也是长得离谱，紧紧地扎在宽大的裤子上，至少有30厘米长的腰带耷拉在他身前，看上去非常尴尬。他仿佛裸身困在荒岛，碰巧发现了一个旅行箱，里面都是男士衣服，但尺码要大得多，为了御寒蔽体，他没有办法，只能将就穿一下。没有人问过他这是为什么，而他在医院也干得不错。

怪咖的基本特点

我们该怎么理解这些人呢？100多年前，医生们发现，有些患者与精神分裂症患者在某些方面有些相似。精神分裂症患者患有精神疾病，对现实的感知不同于正常人群。而医生们新关注的这些患者虽然与精神分裂症患者有某些相似之处，但他们对现实世界的感知似乎没有问题。而且，这些患者往往有精神分裂症家族史，其父母、兄弟、姐妹或孩子往往患有精神分裂症。1975 年，研究人员针对这些被称为"边缘性精神分裂症"的患者进行了一项研究，为后来进一步了解这些人群打下了基础。1980 年，这些人的症状被称为分裂型人格障碍（肯德勒，1985 年）。有时，人们仍认为这种人格障碍与精神分裂症有所关联，但不像最初那样认为是直接相关。

分裂型人格障碍患者很难建立社交关系，因为他们看待世界的方式与众不同，往往与魔法或超自然现象有关。他们可能会有一些荒诞的想法，或是行事古怪、令人费解，有异乎寻常的经历。这些人往往看起来非常冷淡、疏离。交谈时，他们谈论的话题和想法常常令人感到荒诞不经。你可能会想："什么，真的吗？真不敢相信……"

在判断某人是否属于分裂型人格障碍时，必须考虑其宗教信仰和文化背景。此类患者不是单纯有创意、别出心裁或是漠视常规。我们不会因为有人表现出这些特点就将其诊断为分裂型人格障碍——即使这个人可能与众不同。分裂型人格障碍患者会因为对世界的感受方式及其与周围人群的关系而备受煎熬。研究表明，分裂型人格障碍患者占总人口的 2%~6%（萨多克，2000 年）。

韦恩的故事：第一部分

韦恩是一位兽医助理。兽医说他的某些行为让人们感到很不自在，于是他来找我咨询。兽医是在得知他和顾客沟通中存在古怪行为后找他谈话的。兽医发现，韦恩会在就诊动物离开前给其项圈上粘贴水晶。问起这个事情，韦恩先是说这是为了帮助动物恢复。兽医和他谈过以后，他并没有停止贴水晶。一再询问之下，韦恩表示，他觉得水晶能帮助他和宠物沟通。

在发现此事之前，兽医就觉得韦恩有点儿反常。起初，他觉得韦恩是因为刚刚开始新工作，有点紧张，但日子久了，韦恩也没有任何改变。他总是自己吃饭，即使公费午饭也是如此。他不怎么笑，而且经常做一些令人困惑的举动，比如以奇怪的节奏敲击桌子或是跺脚。他很少和别人交谈，即使偶尔谈起来，也总是使用大量难以理解的比喻。"太阳跟着节奏升起来了，我的朋友。我得回去干活了。"兽医表示，他担心韦恩的某些行为会影响诊所业务，因为其他员工和几个客户都投诉过韦恩。总体而言，兽医还是很喜欢韦恩的。与此同时，他怀疑韦恩是不是得了精神分裂。

见过韦恩以后，我也觉得他确实非常古怪。但是和他聊了一会儿后，我发现他并不是精神病，只是有点怪里怪气的。他外表怪异，衣服上污迹斑斑。我们见面时，他和我没有任何眼神接触，而且很难顺畅地与我交谈，看起来很不自在。他有很多非同寻常、奇怪的迷信观点，但他也觉得某些反驳意见很有道理。他并不强求所有人接受他的想法，只是说这就是他对这个世界的看法和体验。他觉得人们嘲笑并指责他的想法有失公平，对自己的想法坚定不移。

会谈过程中，韦恩透露，他自己也会佩戴水晶，这是为了保持健康、提高自己的能力。他相信自己与动物有某种特殊的联系。通过水晶，他感觉自己可以完全理解动物。水晶会产生某种正能量，帮助他和动物朋友发挥出最大的潜力。这种能量让他们满怀希望，而且，他坚称，这种能量能战胜任何疾病。他还说同时佩戴水晶的人会被水晶联结在一起，形成一个强大的正能量小宇宙。他说这种联结是肉眼不可见的，就像无线电波一样，但其能量不亚于太阳。他认为，动物能带来幸福并传播幸福，而佩戴水晶的动物会有 3 倍于其他动物的这种能力。

然而，水晶并没有促进他的人际关系发展。他承认这对他来说是一个挑战。但是，他也表示，32 年来，自己一个人和妈妈过得也很开心。

不管怎样，顾客的投诉还是让他感觉很苦恼。他当然不是故意让别人感到不适，但他认为佩戴水晶对他和动物来说都是最好的选择，因此，总是忍不住这个冲动。他觉得自己所做的一切都是为了传播正能量和希望，不想就此停止。有趣的是，他谈论的都是积极宏大的主题，但他自己却保守、卑微、平淡无趣。他几乎无法与我顺畅地沟通。这可能是所谓的静水流深。他不起眼的外表就像一块篷布，把他脑海里那些稀奇古怪的东西（行进的乐队、彩虹、焰火）全都一笼统地罩了起来，而这些东西毫无关联。

怪咖是如何形成的

我发现韦恩有个姐姐是精神分裂症患者。这在怪咖（the Eccentric）中并不罕见，而且，这也显示其行为有可能是先天因素造成的。但是，有关分裂型人格障碍的根本成因，目前已知的信息并不多。有人猜测这些患者无法理解他人的沮丧、厌恶、羞愧、恐惧等负面情绪（里波尔，扎吉等，2013 年）。这导致他们无法与他人建立社交关系，只能在自己的世界里打转。他们常常仓促地提出一些观点或是因果结论。但是，研究人员对于这些人症状的成因甚至其内心体验所知不多。之所以缺乏这方面的信息，可能是由于只有不到2% 的精神病患者被确诊为分裂型人格障碍，因此，与其他类型患者相比，精神健康专业人士与这些人交流的机会不多。但是，有一些人的经历显示，儿童期被虐待的经历以及由此造成的创伤与分裂型人格障碍有关。不幸的是，虽然很多类型的患者都有此种经历，分裂型人格障碍患者有此类痛苦经历的比例要高于其他患者（雷恩，2006 年）。在一项非常著名的研究中，人们发现分裂型人格障碍与脆性 X 综合征有关联（雷恩，2006 年），而后者是一种常见的遗传性智力缺陷。分裂型人格障碍也可能与孕期因素有关，包括孕妇感染流感、压力过大以及出生和分娩期并发症。此外，也有人发现这种人格障碍与青少年早期使用大麻有关联（雷恩，2006 年；贾巴德，2007 年）。

韦恩对姐姐了解不多。她比韦恩年长很多，大学毕业就发病了。也就是说，他姐姐是在离家多年后第一次住进了精神病院。她多次服用抗精神病药物、接受住院治疗，经过艰难的治疗后情况才有所稳定。对此，母亲的反应是要把韦恩紧紧留在身边。不能让他到外地去念大学。母亲觉得，也许韦恩姐姐就是因为在外地念书才出问题的。韦恩很小的时候父亲就去世了。为了填补内心空虚，母亲把一个又一个宠物带回家。姐姐总是一个人待着，母亲则对他保护过度，情绪低落。而韦恩在学校也不是什么明星人物。因此，每天，韦恩都会回到满是宠物的家，回到他和动物们共同构成的小宇宙。而且，他从中找到了希望和幸福，虽然这里没有其他人类，显得很古怪。

不同类型的怪咖

从本章开头描述的两位医生身上，我们可以了解到两种主要类型的怪咖。其中一种会有奇怪的想法或认知，另外一种则是外表或者行事方式比较古怪。

"巫师"

"巫师"（the Sorcerer）会有一些非常离奇的念头，而且从不吝于告诉别人。他们也许会读心术或是预测未来。他们很清楚自己其实并不会这些事情，但却非常自信，与常人相比，他们认为自己更接近强大的高层意识。因此，如果你想要了解某些超自然信息，你就会来找他们。起初，他们那些小伎俩虽然有点儿古怪，但还是很有趣。但是，随着所谓的魔法话题占据了所有的谈话，人们最终就会感到厌倦。

我有一个好朋友，她的舍友就是"巫师"类型的人。这个舍友长相漂亮，性格外向。她嫁给了一个税务律师。丈夫虽然事业有成，却很无趣，而且不善社交。丈夫就是爱她"性格外向"，觉得她活跃了彼此的人际关系和外部关系；而且，肤浅地说，美人在怀，他也很激动。她大学毕业后就没有上过班，幸运的是，丈夫赚的钱足以负担她的各种爱好。

每次她去我朋友家做客，都会像一阵风一样飘进门，像猎狗一样在屋里嗅来嗅去，了解这里的能量。一番评价之后，她就会拿出很多鼠尾草，像火把一样点燃，在屋里横冲直撞一番，以求"净化"，直到她认为房子没有问题。然后，她才会坐下来和别人打招呼，仿佛之前并未留意到任何人。

每次她来做客都要占卜塔罗牌，不管我们是不是愿意。刚开始还挺好玩。她会拿出花哨的塔罗牌、摆成复杂的阵型，据说里面包含了我们的过去、现在和未来。她把牌翻过去，而我们全都等着她为我们解读。我会想："我将来会是什么样？"当然，理智上来说，我觉得塔罗牌没有任何意义。但是，可以暂时抛开现实世界、听听她的解读，这种感觉很是新奇，因此我也很喜欢。我总是翻到很多"大阿卡纳"，因此，她认为我"有魔法"。我喜欢她这么说（还记得第二章的自恋狂吧！）。我也喜欢研究每次占卜的结果是否不同。

但有时候我们不想让她解读我们的牌；有时候我朋友不想让她在家里嗅来嗅去，或是不想让她在易燃的织物旁边挥舞明火。有时，除了去世的亲属和药轮，我们也想聊聊其他话题。但只要她在就不行。

渐渐地，我和朋友都对这一套失去了耐心，越来越不想见她。我相信，即使不做定期占卜，我的"魔法"也不会消失。我们决定只在公共场合与她见面。在这些地方，她会压制自己净化所处区域的冲动。她性格开朗、很有魅力，但是总想用自己的一套来主导我们的沟通，导致我们很难维系彼此的关系。

"巫师"总是语有所指。不管是什么事情，最终都会被他们归结到那些珍而重之的奇特想法。他们不一定是想说服你相信他，也并不打算把你拉拢到他的队伍里。他们只是对这些想法毫不怀疑、完全相信，这就是他们看待世界的方式。和他们沟通时，这些东西就好比是参考书，即使他们会在人多时有意压制这些念头，这些念头也从不会消失。

"另类奇葩"

我在本章开头提到的第二位医生就属于那种"另类奇葩"（the Sore Thumb）。据我所知，他并没有什么奇怪的行为或是想法。但是他穿得破破烂烂，就像是 30 年代美国电影里的流浪汉一样。他丝毫没意识到，自己的外表影响了他人对自己的评价。当他错失去医学院授课的机会时，他抱怨并且争辩说自己完全可以胜任。确实，他很出色，而且背景也符合要求。但是谁也不想让他作为医学界的代表出现在学生面前。当然，我们可以说外表并不重要，或者说外表不能代表一切。但是他对职业着装完全没有任何概念，只要他肯稍加修饰，就能改变局面，但他却连尝试都不肯。

他从事的具体医务工作基本都是一对一的长期交流，几乎不会出现紧急情况。这个工作最适合他了。他发现有一些患者不介意他的形象，多年来他们一直跟着这位医生。假如他当初选了团队合作和沟通交流必不可少的外科，我觉得他可能就不会有今天的成就了。

他好像和母亲住在一起，和韦恩一样，上学或住院医培训期间从未离开过家里。而且，似乎从青少年时期开始，他和母亲就养成了一些固定习惯。比如，他的头发都是母亲给修剪的。母亲去世后，他还是住在家里，而且尝试保留原来的习惯，包括自己理发。也许他的衣服多年前曾经非常合身，但他从未想过买新的。他缺乏这方面的意识，也体会不到由此带来的影响。考虑到他出色的医术，这点显得尤为奇怪。

这些"另类奇葩"会因为各种原因引人注目，不仅仅是外表。他们也许会有一些奇怪的交际方式或是怪癖，也许会有一些奇怪的想法或信念，但不太可能像"巫师"一样四处宣扬。他们只是看起来很奇怪，至于背后的原因，可能会很难查清楚。

职场中的怪咖

在职场中，怪咖一开始可能会被认为"有创意"或是"有想法"（伯奇和傅，2010年）。最初，你可能会非常想了解他们。但是，如果相关人员同时具有冲动性性格，他们也许会出现令人惊恐或是感觉冒犯的行为。他们无法控制自己的外在表现，因此会在职场造成问题。但是，大部分情况下，他们不会引起很大麻烦。

一般而言，这些人往往被同事视为怪咖，喜欢自己独处。但是，对用人单位来说，重点是要了解如何利用这些人的创造性。研究表明，这些人往往不像其他类型的问题员工一样具有破坏力（克木尔格，萨斯曼等，2011 年）。但是，他们常常很难完成学业或是维持稳定的工作。

如果怪咖进入职场，他们更有可能是普通员工而非领导（克木尔格，萨斯曼等，2011 年）。由于显而易见的原因，他们不太会从事需要与客户大量互动的工作（罗塞尔，法特曼等，2014 年），也可能在集体学习或是合作性项目中表现不佳。但是，当他们提出有益的创新想法时，一定要给其提供安全空间，确保其在不妨碍其他员工的前提下完成设想。如果能让这些人参与头脑风暴，要求其自行揣摩创新想法并提交上级或小组讨论，也许会有所帮助（伯奇，2006 年）。因此，怪咖在研发或是艺术类职位上会表现较好。

如何与怪咖相处

总的来说，与这些人打交道的一个原则是不要干涉他们，要认识到他们大部分情况下并不会导致太多问题。怪咖在与其兴趣相符的地方也许会如鱼得水。我们还是回头看一下那位认为所有疾病都源于铅中毒的医生。也许，她最适合的工作单位是疾控中心预防铅中毒项目组。职业生涯辅导会对他们很有帮助。如果他们的某些奇怪想法与环境格格不入，可以适当提醒他们，要求其不要在工作场合过分宣扬自己的奇怪想法，不要把自己的信念强加给别人。如果同事们能给这些人一些私人空间，这样会比较好。

需要强调的是，不管这些怪咖有多么怪里怪气，他们还是得完成自己的工作。那位执着于铅中毒的医生也和其他医生一样，需要按照标准流程为患者治疗，那位不修边幅的医生也是一样。但我那位"巫师"朋友显然做不到这点。例如，她每到一处都要净化环境，否则，她就会感觉身体不适。如果工作单位能允许她每天上班之前进行她的那些仪式，她也许能找到工作。但她会忍不住与他人交流，解读办公室能量，预知他人未来。但是这样一来，她不仅自己效率低下，还会扰乱他人的工作。因此，大学毕业后，她几经尝试都没有找到工作。后来，她干脆不再找工作了，所有时间都用来一个人磨炼"巫师"技能。她看起来挺喜欢这样的生活。

很多怪咖也会情绪低落，因此，他们可能会寻求人格障碍治疗或是被建议接受治疗。严重焦虑或抑郁可以通过药物治疗，但很多潜在的主要问题仅靠药物是无法解决的。和其他人格障碍一样，心理治疗也许会有帮助。然而，怪咖往往是各种性格中最不愿意寻求治疗的。谈话疗法的一个目的在于发展具备适应力的人际关系，帮助他们更好地建立社交关系。

至于与怪咖交往的策略，还是要保持温和、坦诚，这也是贯穿本书的一个建议。当那位不修边幅的医生问起自己能不能去给医学院学生上课时，或许可以借机对他说："哦，你的提议不错，我相信你肯定能讲得很好。但我希望你能好好修饰一下，让学生们看看，医生应该是什么样子。你愿意吗？"他也许会有点尴尬或是生气，也许会勃然大怒或是不屑一顾。但是，通过这番话，他会明白是自己的行为导致自己错过了某些机会。久而久之，他会意识到自身行为的影响及旁人对他的看法。如果经常有人这么和他提议，他也许会考虑改变自己。

我们也试过用这个办法来改变我们那位"巫师"朋友，却徒劳无功。我们坦诚地告诉她，我们喜欢玩塔罗牌，也愿意听她独特的解释，但我们也想一起做一些别的事情，比如逛街、看电影、聊聊新闻。她一点儿都听不进去。明白我们的意思之后，她开始指责我们，说我们只是不想面对命运，让我们不要再这么战战兢兢。鉴于她固执地只想谈论自己感兴趣的话题，我们最终决定不再与她见面。看起来，她不能置身于任何无法完全容忍或是直接参与她兴趣的环境中。

最好的办法是让怪咖从事符合其兴趣的工作，同时避免过分宣扬其奇特观点，这对怪咖和其周围人都有好处。所以，韦恩选择在兽医院工作是有道理的。同时，这也是他给宠物贴水晶会导致问题的原因。

韦恩的故事：第二部分

韦恩担心，如果减少或停止使用水晶，会对动物或自己造成伤害。他明白不给宠物项圈上贴水晶不会伤害它们，但是，他坚信这会影响它们的恢复能力，延长恢复期。我们花了很多时间讨论那些接受并相信替代疗法的西医的问题。如果所在环境不支持替代疗法，他们也许不得不执行西医标准，放弃替代疗法。我们还讨论了治疗中的"不伤害原则"。

通过交谈，韦恩开始意识到，如果有顾客因为他的行为而离开诊所，那意味着其宠物将无法接触到韦恩所说的正能量。因此，他逐渐认识到，并不是所有动物都需要水晶才能维生。他开始明白，如果自己身处不完美的世界，所谓的正能量小宇宙也许会有帮助，但并非必需。他也承认这个世界，以及他的世界，并不完美，但我们都在艰难前行。

他试着分辨哪些动物确实需要水晶，学着接受对有些动物来说，水晶只是增强其能力。如果他觉得某只宠物确实需要水晶的能量，他会先征求宠物主人的意见，再把水晶贴上去，同时，他只会跟对方说这会"带来好运"。这般掩盖之下，大部分人会说："没问题！"但他自己戴的水晶更多了。他全身都是闪亮亮的水晶，想象着这会让自己的"触摸疗愈力"成倍增加。现在我们需要解决的问题是韦恩究竟需要戴多少水晶才能获得最大的疗愈能力。这就是魔法思维的问题所在，而且它们往往根深蒂固。不过，这都只是韦恩自己内心斗争的问题了。他可以自己一个人静静地琢磨怎么优化自己的能力，没必要和任何人讨论。

和怪咖相处的有效措施

· 可能的话，为怪咖提供符合其兴趣的工作环境，否则，可以温和地提醒他们，不要把自己的信念强加给别人。

· 对其工作数量和质量的要求与其他员工保持相同标准。

· 与怪咖讨论其古怪或不当行为时，要温和而坦率，用事实让他们看到其行为对自己的影响。

疑神疑鬼的多疑型人

阴谋论者认为每个事件背后都有某种秘密或是阴谋，而且往往是由有权有势的人操控的（斯瓦米，查莫罗 - 普雷穆兹克等，2010 年）。很多人都相信阴谋论。例如，1992 年《纽约时报》进行的一项调查显示，75% 以上的美国人认为，除李·哈维·奥斯瓦尔德（Lee Harvey Oswald）外，肯尼迪总统刺杀案还有其他涉案人员，尽管官方调查结果于此完全相反（葛泽尔，1994年）。此外，将近50%的纽约市民认为美国政府事先知道会发生"9·11"事件，却决定不予干涉（桑斯坦和韦缪勒，2009 年）。阴谋论常与刺杀、政府计划和保密技术有关，基本原则是对秘密进行的所有预谋持怀疑态度。多疑型人（the Suspicious）往往对整个世界持怀疑态度，认为所有事情背后都可能存在秘密和阴谋。多疑型人是行走的阴谋论者，他们不仅会在上述各种重要事件中寻找深层含义，也会在日常生活与他人的交往中寻找阴谋的蛛丝马迹。

多疑型人的基本特点

与分裂型人格障碍类似，精神病学家起初针对偏执型人格障碍患者的研究也是与精神分裂症有关。值得注意的是，与单纯多疑的人相比，精神分裂症患者除了偏执妄想，还会有一些异常体验，例如，幻听、大部分人认为不可能的奇怪想法、行为紊乱、语言荒谬。一般来说，精神分裂症患者功能受损更为严重，与现实世界脱节的程度也更严重。早期研究中，精神病学家发现精神分裂症患者的某些家人存在"偏执特质"、自我意识过剩、嫉妒心强的特点；经常会曲解他人话语、指责他人（肯德勒，1985 年）。这种现象先后被称为易损人格、好辩性精神病态、缺乏自我安全感型人格（阿克塔，1990 年），现在，这种症状被称为偏执型人格障碍。有趣的是，弗洛伊德认为此种障碍的根源与压抑同性恋冲动有关，当然，他认为几乎所有行为都与性有关，即男性将自己被另一名男性吸引的事实转化为对方被其吸引的观念（斯托恩，1993 年）："是他勾引我的！"

多疑型人总是担心有人要伤害、利用或是欺骗他们。他们依靠其忠诚度和信任度来判断自己的人际关系。这些人往往不愿意与他人共享信息，经常持久地心怀怨恨。即使是旁人看来不具任何意义的事情，他们也会觉得是噩兆，很容易认为自己受到人格攻击（美国精神病学会，2013 年）。他们尤其无法忍受模棱两可，而且自认为可以看到别人看不到的深层真相。但是，这些人认为自己的想法都是"理智的"，认为自己看待事物的方法有见识、有智慧。实际上，他们可能会把事情过于简单化，基于有限证据就得出结论（斯托恩，1993 年）。

有时，我们确实应当质疑广为认可的所谓真理，比如地心说，或是对心怀恶意之人持怀疑态度，但是，如果这种怀疑发展到对整体世界的普遍不信任，就会引起问题。有些时候，疑心有助于帮助我们对危险保持警觉，因此会对我们有所帮助，甚至能帮助我们适应环境。在此类情况下，假定存在潜在威胁能使人免受伤害。问题在于，如果认为一切都不安全，那就无从分辨真正的威胁和无害的事物了。据估计，美国人中有 0.5% 到 4.5% 的人患有偏执型人格障碍——根深蒂固的普遍性怀疑（萨多克，2000 年；美国精神病学会，2013 年）。这种人格障碍在男性、犯人、难民、老年人和听障人士中相对更为常见（伯恩斯坦，尤色达等，1995 年）。

阿尔文的故事：第一部分

阿尔文之前是信息安全专员。在一次培训中，他表示自己加入这家公司是为了不惜一切代价保护美国人免受"极端自由主义民主党人"的侵害。他这番话是当着一位上级的面说的。上级表示，他妻子在本地政府机构工作，两人都是坚定的民主党人。对此，阿尔文只是一言不发地瞪着上级，没有做出任何令上级感到放松的回应。最终，阿尔文说："我是认真的。"这个事件让大家感到很不自在、感觉不安，公司邀请我来为阿尔文做评估。整个过程中，他不断地询问我的个人情况，询问我每个问题的目的，不想谈论自己的任何信息。在我们的交谈中，阿尔文不断提及对"自由主义"人士的怀疑。此外，他对几乎所有人都持有戒心。例如，他表示，他知道政府控制了所有新闻媒体，因此自己必须找到"地下电台"才能了解"实情"。他甚至觉得让我为其进行心理评估也是同事为了阻止他获得晋升。会面过程中，他后来还提到，他知道政府会监听所有电话，并保有一份涉及所有公民的记录，因此，我们谈话中涉及的信息也有可能被收录到该份文件中，"因为到处都是这样"。他很有礼貌，甚至可以说是风度翩翩，但总是想调查我的族群和宗教信仰。我小心翼翼地问他为何一定要了解此信息，他只是坚持绝对有必要。我没有告知他这些信息，对此他显然非常沮丧。但我提醒他，如果想要重返工作岗位，就必须好好谈一谈他的工作。说到同事，他似乎对每个人都有怨言。他坚信任何同事都不能相信。阿尔文说他知道别人针对他，还给我举了很多例子，无非是午饭时的座位安排、工作分配等，似乎工作中的任何事情都是冲着他来的。在"民主党人事件"之前，他就已经考虑过要向人力资源部投诉，如果他们不肯帮他，他就会起诉公司存在歧视。他甚至有一个带锁的盒子，存放他认为可以证明自己的怀疑不无道理的文件。

在阿尔文看来，几乎谁都不值得信任——除了妻子和他养的狗。他养了很多杜宾犬。我问他为什么认为妻子可以被信任时，他似乎也想不出理由，只是说，"她就是可以信任"。阿尔文小时候住在一个繁华的城市，后来全家搬到了一个风景优美、生活节奏缓慢的镇上，以低廉的价格买了很多土地。他有很多枪，喜欢练习射击以保持准头，而且，他很看重的是，在这里，自己不用和邻居"打交道"，甚至看不到邻居，因为他觉得邻居会收集他的个人信息，对他不利。他和妻子没有朋友，但他对此毫不在意。他觉得只有夫妻两个人，有他的众多杜宾犬和广阔的土地就很好了，他感到非常安全。

作为信息安全专员，他能提前获知本地犯罪活动相关信息。他需要而且希望了解这些信息以"做好准备"，因为害怕突然袭击会打乱自己的计划。但他很多时候都是担心世界的那些大阴谋、担心他害怕且不了解的文化。

我认为，阿尔文主要就是通过怀疑来解读其周边的世界。他承认自己的想法有点极端，甚至有点言过其实，但这让他感觉自己做好了最坏的打算，尽管他也清楚最坏的情况不一定会发生。阿尔文能分辨现实与妄想，而且社交功能正常，这点将他与精神分裂症患者区分开来。但是，由于其性格多疑，阿尔文认为每个人都怀有恶意和敌意，觉得大家都在利用他。他总是觉得自己是受害者，而且无法理解别人为什么会有不同的看法。他会毫无根据地曲解对话和事件。由于疑神疑鬼，他显得气量狭小、很不友好。不管发生什么事情，他都觉得可以证明自己的怀疑是有道理的。他经常思考权力，同时也思索如何才能变得更加强大、保护自己不受他人侵害。他时刻保持警惕，以防有人要伤害自己。

多疑型人是如何形成的

多疑型人总是对世界充满忧虑。在其童年时期，往往存在不同程度的社交孤立、焦虑、人际关系混乱、对指责敏感。这些儿童常常有过性侵犯和口头暴力的遭遇（科罕，克劳福德等，2005 年）。在其成长过程中，他们常常遭受屈辱，久而久之，他们会对此类情绪产生期待：等待下一次被侵犯（福斯和精神分析机构联盟出版社，2006 年）。他们不断遇到此类经历，因此他们认为信任别人会导致危险，认为世界充满了危险，自己随时都会受到袭击。

阿尔文小时候住在一栋高层公寓里，父母对他保护过度。虽然这家人几十年来都住在同一个地方，但他们从不和邻居交谈。他们常常等在家门口，等到所有可能经过走廊的邻居都下电梯才会出门。多年来，他们收集了一些有关邻居的只言片语，但不管了解到什么信息，他们都会解读出负面而可怕的内容，更加对邻居避而远之。

阿尔文一路走来都没什么朋友，部分原因是因为他的朋友最终都以某种方式背叛或是辜负了他。但另一原因则是父母每天晚上都会询问他在学校的经历，并警告他可能存在的危险。他们教他穿过小巷时要走在路中间，以免被人拖进小路抢劫。他们教他在路上绝不要和路人有眼神接触，绝对不要和陌生人打招呼。唯一安全的地方就是他爱心满满的家。他感觉是家人保护他不受外部世界的侵害。而外面的世界对他来说是个很大的挑战，因为世界仿佛充满了无穷无尽的危险。

不管是什么原因导致对世界的普遍不信任，多疑型人似乎都非常善于曲解他人。有人认为这种特质源于心理缺陷：为保护自尊，他们会把所有不快经历都归咎于外部世界。有的理论学家认为此种心理状态是由于过度关注以致误解社交线索。多疑型人认为所有事情背后都是坏人在操纵，这样，如果发生不如意的事情或是无法获得成功，他们就不用自责了。例如，比起由于自身能力不足而得不到晋升，如果认为有人阴谋阻止你晋升，感觉会好受很多。在某种意义上，指责别人妨碍自己要比承认自己能力不足容易得多。

不同类型的多疑型人

当然，这些问题往往也会影响到工作场所。虽然我认为多疑型人没有明显亚型，但是和其他类型性格一样，这些人对其疑虑情绪的处理方式也不相同，有的只是默默承受，有的则会在焦虑时与周围人发生对抗。内向型的多疑型人大多只是沉浸于自己的想法之中，大部分时候都能保持冷静，但办公室里某些让其感到不安的事件或评论会导致其突然疑神疑鬼。出现恐慌加剧，多是由于遇到了意料之外的事情，比如同事被解雇。多疑型人中状态最正常的人士会有足够的安全感，可以合理"检查"自身情绪，也就是说他们能够分清楚现实和妄想，并有望在得到相关解释后情绪好转、恢复平静。但遗憾的是，大部分多疑的人会苦思冥想，越来越深信有人在密谋陷害他们。也有一种多疑型人会曲解任何事情。他们随时都会疑神疑鬼，往往会频繁指责他人、与他人对抗，以求自保。人们很容易就会害怕和这类多疑型人交往。

很多人都遇到过突然被叫去参加会议，或是没有任何上下文和解释的情况下被人提问，在这种情形下，我们都会有点紧张。或许，我们辗转得知人事变动消息后，也会担心下一个被裁的会不会是自己。我们的思绪会在错综复杂的信息网中快速搜寻，将点滴消息拼凑起来，佐证自己最坏的设想。根据个人性格的不同，有人也许会直接去问负责人："我有麻烦了吗？"有人会在办公室里独自煎熬、焦虑、猜测，思索下一步会发生什么情形。"我会被解雇吗？"正如我在细节控那部分提过的，在此情形下，焦虑和猜疑会同时发生影响。不喜与人交往的人在这种情形下往往会静静地等待最终决定，不断回顾之前的谈话或是往来邮件和语音留言，收集"证据"证明自己的猜想。

"我们"和多疑型人的区别在于感到此类恐慌情绪的频率。多疑型人会不断地体验到这类情绪。这反映了他们的世界观。如果一个平时很少猜疑的人问出"我有麻烦了吗？"，人们往往会翻个白眼、置之一笑。而针对多疑型人的同一问题，人们则会不胜其烦："跟你说过一百遍了……没有，你没有麻烦！！！"多疑型人感到害怕时常常会逃避他人，与办公室同事隔阂渐深，导致自己被边缘化，反而出现了他们担心的局面。

不管多疑型人通常采取的策略是回避还是对抗，他们都有可能出现暴力行为，尽管这种可能性一般不大。重点是要注意多疑型人在其他人群中造成的担忧，因为这些情绪预示着可能发生暴力现象。当然，这正是阿尔文的那番话导致人们恐慌的原因。他的评论让人们感到不适，再加上他冷漠的注视、一贯警觉的态度，大家都担心他会拿出枪来、在办公室做出危险的过分行为。

显然，对抗型多疑型人有可能卷入不断升级的冲突，变得具有攻击性。

但是，有时候，回避型的多疑型人也可能愤愤不满，以致出现暴力行为。这种员工在被解雇后会看似平静地离开，但却心怀愤懑。他们会在家里待上几周、反复思索相关事件，然后威胁杀害老板。

我们无法随时预测此类内心感受，因此，重点还是要利用相关策略并关注相关人员对办公室氛围的影响。最可靠的办法就是时刻关注，并且在沟通时保持清晰坦率、言简意赅。

职场中的多疑型人

多疑型人的自尊可能不堪一击。因此，职场多疑型人也许会表现出很强的优越感。此外，在别人看来，这些人一般冷漠、胆小、死板、固执、不易动感情、缺乏幽默感。他们嫉妒心过盛，常常感到愤怒和怨恨。这些特点往往导致人们不愿与其交往，这使得多疑型人更加坚定地认为别人对其不友好、怀有敌意。任何有关工作表现的反馈意见都会被其当作指责。他们用大量时间来思索每件事情背后的深意，从而影响到其工作效率。如果这还不够明显，与多疑型人在团队项目上共事会尤为困难。但是，有时候，多疑型人也能与相同思维模式，甚至同样相信阴谋论的人形成社交团体。通过互联网，多疑型人能与持相同观点的人建立联系。在办公室里，这些人往往会形成区分局内人和局外人的信任圈。职位变化时，他们也许会带着自己的人一起离开，而不是尝试与他人合作。如果工作场所中存在多疑型人，往往会有很多流言蜚语，传播所谓的"真相"。

但是，与其他某些问题人格相比，多疑型人往往能找到工作，有时还能在事业上获得成功。由于多疑型人总是不断地从各个角度考虑问题，将所有可能的结果提前考虑在内，他们几乎可以应对各种情况。鉴于多疑型人的特点，他们可以胜任安全人员、调查记者、私人调查员或评论家等职务。据说，这些人在与其他"敌对"公司针锋相对的竞争性岗位上也表现得不错（米勒，2003年）。他们在相对独立的岗位上表现也较好（伯克瑟，1993年）。由于多疑型人无法理解权威和权力，他们更适合独立性较强、牵涉等级较少的工作（斯派瑞，1997年）。多疑型老板往往喜欢关起门来做决定。多疑型人卷入法律争端的情况也不少见。

如果多疑型人遭解雇、感到威胁或认为自己受到攻击，在职场中，最需要担心的是可能发生暴力情形。如果涉事人员是男性、有成瘾问题或是有过暴力行为，则风险更高（本西蒙，1994年）。这种情况往往发生在那些高度依赖工作来获得身份认同的中年高加索男性身上。雇佣合同终止后此类风险会增加，因此，一定要严肃对待任何威胁，尤其是在解雇员工时期。大部分州里都有专门的法律针对此类情形下可能出现的暴力威胁。即使是一些含糊不清的表示，如"你会后悔的"，都可能预示着会出现暴力行为。此外，公司有责任确保公司环境不会招致暴力行为，包括采取措施限制"流毒职场"——高压、人手不足、领导专制（约翰逊和英维克，1996年）。

如何与多疑型人相处

如果办公室里存在多疑型人，这会非常棘手。这些人看起来攻击性很强，总是把自己的问题归咎于他人，认为所有的问题都是别人造成的。由于他们总是曲解他人的话语和行为，稍不注意就很容易与其发生冲突。办公室就像一个地雷阵，每个人都战战兢兢地，生恐激怒他们。大家都小心翼翼地避免惹怒这些人，彼此沟通变得有限且很不自然，甚至更糟，大家开始闪烁其词，这会让多疑型人感到猜疑。与捕蝇草型人或是自恋狂不同，在与多疑型人小心翼翼进行沟通的过程中，不仅要担心惹怒他们，还会感到恐慌。由于很难判断他们的怒气值，我们自己都开始感到猜疑了。

如果多疑型人自认为受到严重威胁时，有可能导致一些令人不安的场面。

对抗性多疑型人也许会把你喊出去，劈头盖脸一通指责。如果你表示惊讶、困惑，他们会认为这只是你为了掩盖自己，更加让其坚信他对你的指责没有错。相对较为安静的多疑型人不会直接前来质问你，但是会通过诱导发问和暗示诱使你落入其陷阱。

与这类人共事，关键是沟通要清晰、直白，尽可能避免其曲解你的真实意图。针对任务分配和其他决定，一定要提供真实、合理的解释。可以通过直接的术语和逻辑解释，尝试向其提供简单但有助于认清事实的信息。例如，分配新任务时，可以说："事情是这样。我决定派你来完成这个项目，因为我觉得你有能力完成 X，可以帮助我们实现目标。"还有一种办法也会有帮助，那就是尽可能提供合理备选项。可以说："你想做 X 还是 Y？"不要说："你想做什么？"记住，他们会一路上不断地测试你对其是否诚实和忠诚。为减少相关人员或机构的猜疑，关键是要定期分享信息。及时告知进展，无论是好消息还是坏消息，这样可以有效减少流言蜚语。

直截了当地与这些人进行沟通可能会异常困难。谈及不愉快的话题时，我们都会不自觉地"包装"话语，委婉地表达可能令人不快的事情。其实，我们之前在和自恋型人的沟通技巧中也提到了这点，但把这种技巧用在多疑型人身上，很可能会事与愿违。我在医院的领导中见过很多这样的事例。一位孔武有力、令人望而生畏、行事冲动的医生出了点儿问题，被叫到主任办公室。主任经常发愁该怎么和这位医生沟通，和他谈话时一般开场和结束都会表扬几句，中间不疼不痒地就其不良行为说上几句。"约翰，我叫你来是想跟你说，你干得非常好。科里很重视你。你的工作效率和质量无人能及。我真不知道要是没有你该怎么办。我听人说你昨天朝实习生扔电话了。这里面肯定有误会。不管怎么说，谢谢你！干得不错，一直都不错。"

如果这位医生是自恋型人，这种技巧会很有效，因为主任把自己想要表达的信息都加了进去，却不会激怒对方。但是，显然，这种人际沟通技巧在多疑型人身上毫无效果。他们总是会发现可疑之处。他们会反复琢磨、剖析你说的每一个字。他为什么要夸我？他是认真的吗？他到底想说什么？只是科里重视我吗？院方不重视我吗？他怎么知道"这里面肯定有误会"？他怎么会知道这事儿？他知道那个实习生是怎么对我的吗？他们是不是要欺负我？他们会没完没了地琢磨这些问题。

这种情况下，少即是多。与其沟通时要尽量简洁，但要有的放矢。不要说不相干的内容。简单表明态度，辅以简单的解释即可。"阿尔文，你关于民主党人的那番话让我们很害怕。我们觉得无法和你共事了。"这就完了。

总体而言，如果能态度坚定、不偏不倚地帮助对方建立信任感，这不失为一种好办法。但在对方对你缺乏信任的情况下，贸然质疑其阴谋论想法（例如，"很明显，没有人针对你！你怎么会这么想？！"）也许只会加剧对方的不信任感，使其更加脱离人群、疑神疑鬼。与这些人沟通时要简洁直白，但要避免言辞激烈。可以直截了当、明确地陈述自己的意图，但不要公开质疑对方想法。可以同意其想法存在一定可能性（例如，"我没法证明他们不喜欢你"），同时提出也有其他可能（"但是，更有可能的是，他们只是评价整个团队的表现，不是针对你个人。其实，管理层昨天对我说了同样的话。"）。当然，在多疑型人为自己构建的诡计多端的世界里，任何事情，甚至是表扬，尤其是过度表扬，都可能会被曲解为某种针对他们的阴谋。在他们看来，世界充满了恶意，任何善意的表示都可能是虚情假意。因此，他们也许会猜测别人为什么会"做出"一副善良的姿态。同理，他们往往会因为怀疑他人动机而拒绝他人援手。

沟通时要做到言简意赅、直截了当（我认为在与任何人的沟通中都应该做到这点），这点在与多疑型人沟通时尤为重要。即使他们如临大敌、当众大吵大闹，回顾其行为并澄清误解之处还是会大有裨益。

我在一家精神病院住院部工作了几十年，常年与存在严重妄想的精神分裂症患者打交道。因此，我在与多疑型人沟通方面很占优势。通过身为精神科医生与功能受损更为严重的患者交流的极端案例，我希望能让读者理解，与多疑型人交流时保持坦率十分重要。在和这些人交流的过程中，我体会到，言简意赅的坦率表述要胜过拐弯抹角。我曾为一位年轻患者连续多年进行治疗，包括在住院部和门诊部，至今想起他来，我还是觉得非常痛心。他总是觉得联邦调查局在监视并跟踪他。他接受了常规治疗，病情稳定。他有为数不多的朋友，在裁缝店里上班。他无时无刻不在担心联邦调查局，但是，通过心理治疗和服用药物，他一般能压抑这种念头，生活并未受到影响。虽然他坚信联邦调查局在监视自己，但当我表示他的担心毫无依据时，他至少还会考虑一下我的意见。

"现实生活"偶尔会影响他的稳定表现。也许是新闻里的恐怖袭击事件让他感觉阴谋确实存在，也许是他看了一篇有关间谍的新闻报道。这些消息会导致他方寸大乱，不管别人如何保证，始终无法消除疑虑，越来越多疑。在这种情况下，他就得住院接受强化治疗，直到恢复正常。

假设你就是这个人。即使在正常情况下，你也无法信任别人。你现在萎靡不振，我建议把你关起来，手里还摆弄着你的药。我要给你抽血化验。你会想，这个人参与了阴谋吗？他会不会拿我的血去做什么邪恶的试验？抽血时，会不会趁我不备给我注射什么东西？会不会给我下毒？一旦住院，还会放我出院吗？恐怖吧。

所以，我清楚地记得，我和这位身形高大的年轻人站在精神科门口交流时，他怀疑自己能否信任我，不确定是不是应该住院，与我争辩不休。他的眼睛由于愤怒和疑虑而眯在一起。如果他能回想一下我们之前的交往，就会发现我从未给过他错误建议，那他的表情肯定会柔和很多。当时我告诉他，"这都是为了治疗你的病。你也知道自己会因此感到疑虑和不安。我知道你很不舒服，我们都知道你想改善心境。我把你安排到我的科室，每天都会去看你。我会给你抽血化验，排除身体疾病。如果你同意，我会调整你的用药。一旦你感觉安全了，等我们都认为你已经可以出院了，我就会开门送你回家。这就是我们的打算。"至于他认为我参与了"阴谋"，我提醒他，他的担心毫无根据。我让他回想一下我们多年来的交往。绝望之中，他选择了信任我，同意住院，病情很快就好转了。

当然，关键是要坦率。就像我和精神分裂症患者的交流一样，如果你和多疑型同事沟通时能做到坦诚直率，你的感受会好得多。和这些人沟通也许会感觉像在鲨鱼池上方走钢丝，但只要你有耐心、有毅力，你一定会有收获。

推荐多疑型人求助专业人士，促使其寻求心理治疗，有助于减轻其敌对情绪，同时也能改善其心理效能、控制感、社交技能，帮助其区分现实与妄想。如果同时出现焦虑或抑郁症状，可考虑服用药物。如果这些人对别人对待他的方式有所怨言，可以借机提出此类建议，假称治疗是为了帮其处理冲突导致的压力。当然，由于多疑型人对别人缺乏信任，他们可能很难理解与专业人士交谈的益处。

慎重提醒：如果这些人自认为受到不公待遇，务必确保其不会因此报复任何人（雷斯尼克和科什，1995 年）。一定要严肃对待任何涉及报复的话语，并就暴力行为风险咨询精神科医生以及 / 或法律人士的意见。有些职场中的多疑型人令人不想伸出援手，尤其是在他们曾经威胁或表示会有暴力行为的情况下。风险太大了。如果出现暴力行为，公司有可能也需承担法律责任。

解雇此类员工时务必要小心谨慎，并尽力保护员工自尊。避免公开宣扬，否则会加重其愤怒或屈辱情绪。和多疑型人沟通解雇事宜时要做到直率、清晰、简洁。同时，为缓解其愤怒情绪，降低报复风险，可以帮其完成收尾工作、商定解约协议细节。记住，这些人或许会对糖衣炮弹持怀疑态度，因此，沟通时要做到开门见山，同时对其表示同情。

阿尔文的故事：第二部分

由于阿尔文总是对别人怀有敌意、疑神疑鬼，他最终丢了工作。是我建议公司解雇阿尔文的，因为我认为他存在暴力倾向。他当着领导的面说出挑衅的话，而且平时也总是疑神疑鬼、戒心十足，公司里的很多人都为此感到不安。考虑到他与同事的敌对关系、疑虑心态、对武器的迷恋以及持有大量武器的事实，我认为他有很大可能会出现暴力行为。因此，他最终被解雇了。老板明确告诉他解雇的原因，别的什么也没说。老板表示可以帮阿尔文办理失业文件，而且提出可以由公司出资、安排他接受在线编程培训。

阿尔文被解雇后，很多同事感到非常焦虑。很多人担心他会跑到办公室来开火。然而，他再也没有出现过。而且，公司里的人再也没有听到他的消息。也许，这次事件之后，他更加孤僻了。在我看来，这种结局再好不过。因为我认为他唯一适合的就是独自工作，或许可以和他的众多杜宾犬一起。

阿尔文离开后，公司制订了有关暴力行为和威胁的明确规定。员工接受了有关暴力行为预示的培训，学习了在职场感到不安时应采取的措施，包括具体报告方案以及如何向保卫部门报告。公司还安排了反歧视培训，并重申对暴力行为和威胁的零容忍政策。同时，管理层认识到，虽然并未发生暴力事件，但大家都因为担心这种可能性而承受了很大的压力。于是，公司安排大家集体休假，每个人都得以放松，同时也就改善工作环境建言献策，确保每个人在办公室都感觉自在而有价值。

与多疑型人相处的有效措施

- 沟通时要直白、清晰，解释清楚做决定的依据。
- 为多疑型人提供备选项，有助于增强其控制感。
- 与其就不当行为进行沟通时，使用简单的陈述和解释，避免无关话题、避免言辞激烈。
- 与人力资源部门合作，考虑建议相关人员接受心理干预或治疗。
- 每位工作人员的安全是重中之重。高度重视任何威胁或暴力迹象，及时联系相关部门。

5

Chapter

结论

你是职场中的"傻瓜"吗？

虽然本书的目的在于帮助读者理解不同类型的问题行为，我们也要认识到，健康工作环境的创建有赖于每个人的努力。如果他人行为对我们造成困扰，我们也要问问自己，为什么这种行为会对我造成影响？为什么我会被其困扰？我是不是通过反省自身来更好地理解他人？

遇到人际关系问题时，我们首先要关注自己是否是造成问题的原因之一。如果你在任何工作场所都无法与同事和睦相处，那肯定是哪里有问题。也许是办公室文化，也许是场地本身，但不管是什么问题，你都最好反省一下。或许你觉得自己和别人相处还算融洽，但却总是有同事抱怨无法与你和睦相处。反省一下吧，要快。

我做这行有一个小技巧：如果有人总是惹你生气，请你暂时走开，坐下来，反省一下自己。当你感到情绪激动时，就该自省了：这个人身上有些地方总是会让你想起某些不高兴的事情。如果你能诚实自省、深思熟虑，每次都会见效。也许是他的某些特点让你想到父母？你是否发现，当你感到某种情绪会令对方冲动时，自己也无法忍受？会不会是你自己也像对方一样，而且不喜欢这点？

人无完人。我们都有各自缺憾之处。某些场面、沟通或是某些类型的人会在我们内心激起一些情绪，而周围的人也许并不会产生类似情绪。我们可以通过观察周围环境来了解自身。对自己了解得越深，你就越有可能找到适合自己的工作，融入合适的社交圈子，选对另一半。

刚开始上班时，我发现自己很难给那些自我中心的患者进行治疗，直到我进行了自省。我起初认为自己无法为某位患者提供治疗，后来我自省后意识到，是他的某些行为会让我联想到家人的类似行为。而且，更糟的是，尽管我鄙视这些行为，自己也会出现类似行为。我发现，在某种意义上，令我对病人不满的那些特质也会出现在我身上，这让我感到心烦意乱。实际上，突然之间，我觉得自己可以理解患者的感受了。我可以体会到他的痛苦。最终，治疗颇为见效。

　　随着职业生涯的发展，我通过心理治疗对自己的了解越来越深入，他人身上特质对我的负面影响越来越小。如果别人的行为令我感到不适，我会立刻或是事后和对方沟通，坦率地指出我认为其行为不当的理由以及我对其行为的感受。我发现，由于我在沟通时开门见山，对方没有什么争论的余地，只能同意或者反对我的看法。但是，对方肯定会了解我对相关事件的看法、进而了解我。通过了解自己、了解他人、接纳他人，设身处地理解他人感受，设法与他人合作共事，我获得了良好的人际关系，让我在收获事业成功的同时，也感到心满意足。

　　我们都有义务做到坦诚相待。职场人际关系无非是另一种类型的人际关系，应该建立在以诚相待、充分沟通的基础上。我们不仅要对自己诚实，也要对他人坦诚。

改变的成就感

在针对问题行为提供咨询以及作为精神科医生执业的过程中，我一直对干预所能产生的效果心存敬畏。而且，干预往往能产生深远的影响。只要有改变的意愿，就可能改变。这或许需要付出毅力和努力，但最终他们都能改变。出现问题行为时，关键是要尽早干预。发现问题行为后要及时反馈，并表明自己对问题行为的感受。沟通要简洁、直白，以帮助问题行为人做出改变为目标。

最近，我收到一封信，来信人之前由于问题行为曾找我进行咨询。几个月来，公司一直在讨论他复职的问题。鉴于之前的问题行为，公司要求他写一封说明信。他写了一篇短文，读来颇为心酸。他在其中写道，虽然自己一直都希望有所改善，却找不到适当的方法。他知道自己想要改变，但却觉得自己的所有行为，以及由此造成的不幸后果，永远难以改变。直到同事开始拒绝与他合作、下属抱怨其领导无方，他才真正开始考虑如何才能改变自己。

本书的目标在于改善工作环境。我们处理问题行为很有必要，但其总体目标并不是泯灭个性，而是在提高工作效率的同时，打造舒适的工作氛围，令所有人感觉受到重视和支持。

比如说，早会时每个人都愁眉苦脸的。但是，当人们开始说笑，大家的心情渐渐好转，一整天都会保持好心情。工作场所不一定要多有趣，但至少不能令人感到压抑。人们在办公室也可以感到心情舒畅。我们在这里完成工作，互相体谅。

针对问题行为的解决方案应惠及所有人，包括被认定为"破坏分子"的人。我说过，人们并不是故意搞破坏，而且，很多时候，所谓破坏分子也会自食其果。有助改善工作环境的干预措施会令相关人员在工作和人际沟通中感到更为放松。从细微调整到全面干预，不论采取何种措施，都应有明确的目标。这些措施也许会让有些人的生活更加幸福。

人们的工作表现、基础关系和社交表现在很大程度上取决于其人际交往方式。解决方案就在于人际交往本身：一方面要勇于沟通，一方面要注意方式。我们必须互相倾诉、彼此倾听、互相关照，找到适合彼此的沟通语气和表达方式。为了解决问题、和睦共处，我们要赤诚相待。

本书为人们提供了改善职场人际交往的手段和机会，旨在帮助人们获得更大的成就感，进而对总体生活感到更为满足。

致　谢

乔迪

郑重感谢以下人士：

感谢米歇尔·乔的真知灼见。

感谢艾力克·拉普菲联系我写作此书。

感谢迈克尔·弗拉米尼和圣·马丁斯·普雷斯从我们的来往信息中发现价值。

感谢艾米·加特曼医生、卡琳·勒曼医生、泰德·布罗德金医生、里布·赫布里医生、阿德里安·莱恩医生、利德·戈德斯坦医生、马亨德拉·巴蒂医生、斯科特·坎贝尔医生、朱丽叶特·盖布雷斯医生、西西莉亚·利夫希医生、弗兰西斯·詹森医生以及维姬·穆尔亨女士在我写作本书过程中提供的帮助和建议。

感谢斯科特·希尔和迈克尔·霍根精准的帮助和深厚的友谊。

感谢外甥女索菲亚一贯的热情相待，并对本书进行了周到全面的编辑。

感谢我挚爱的妈妈艾希（她被书名吓坏了）、爸爸哈尔（他觉得书名很有趣）以及哥哥麦克尔和雷夫。

感谢姐姐斯塔希和塔玛守候在我们身边、把家人维系在一起。

感谢艾比，你是我的发电厂、指南针，我的挚爱。

米歇尔

谨与乔迪一起，向给予我们帮助的威廉·莫里斯出版公司、圣马丁出版公司和企鹅出版社的各位表示衷心的感谢。

感谢乔迪为我提供此机会，感谢多年信任和合作。

我们是优秀的团队。

最后，衷心感谢西西莉亚、杰西卡、安德鲁和约恩，感谢你们对我的帮助和鼓励。你们都对我给予了很大帮助，我会铭记在心。

206